요즈음 건축 2.0

Multiverse Architecture:
Notes on a Changing Discipline

요즘음 건축 2.0
국형걸

건축가에게 꼭 필요한
고민과 실천의 기록들

들어가며
2.0 을 출간하며

단지 급변하는 시대를 살아가는 요즈음 건축가로서
학교와 실무 현장을 오가면서 사회와 건축을 향한
고민과 실천을 다른 건축가들보다 좀 더
가벼운 목소리로 담아내고자 할 뿐이다.

『요즈음 건축』을 출간한 지 3년의 시간이 흘렀다. 불과 엊그제처럼 느껴지나 그 사이 우리 사회가 겪은 많은 변화를 떠올리면 긴 시간이다. 나는 교육자이자 건축가로서 학교와 현장에서 활동하며 여전히 여러 고민과 실천을 하고 있으나, 분명 첫 책을 출간하기 전과는 달라진 점이 있다. 최근 동시대 건축과 건축을 둘러싼 현실의 이슈에 대해 조금 더 깊이 있게 바라보고 '고민'하며, 미래 지향적인 건축계의 목소리와 여러 분야의 다채로운 작업에 더욱 관심이 생겼다는 것이다. 물론 스스로에게 더 적극적으로 '실천'을 채찍질하는 것도 있다. 이는 '요즈음 건축'이라는 책 제목으로 인해 나 스스로에게 부여된 정체성 혹은 책임감 때문일 것이다.

이 책『요즈음 건축 2.0』은 『요즈음 건축』의 업데이트 버전이다. 나는 이 책이 문자 그대로 언제나 살아 있고 진행형인 요즈음 건축을 다룬 책이어야 한다고 생각한다. 그렇다고 제목을 새롭게 바꾸거나 책의 내용을 완전히 다 바꾸어야 할 이유는 없다. 단지 급변하는 시대를 살아가는 요즈음 건축가로서, 학교와 실무 현장을 오가면서 사회와 건축을 향한 고민과 실천을 다른 건축가들보다 좀 더 가벼운 목소리로 담아내고자 할 뿐이다. 그러기에『요즈음 건축 2.0』은 전작처럼 가볍고 유연한, 변화해 가는 책이 되길 바란다. 급변한 지난 3년간의 고민과 실천을 다듬어 정리하다 보니 책의 3분의 2 이상은 완전히 새로운 내용이 담기게 되었다.

그러나 이번 책에서는 전작과 달리 글의 기조와 방향에 차이가 있다. 우선 '고민' 부분에서는 우리 사회와 건축의 부조리한 현실을 향해 좀 더 직접적이고 적극적인 목소리를 내고자 하였다. 건축과 사회의 지속가능한 발전을 위한 비판적 담론을 제기하고자 함이다. '실천' 부분에서는 전작에 비해 일반적 사례보다는 더 미래 지향적 프로젝트 위주로 나의 건축 경험을 풀어냈다. 즉 이번 책은 우리의 건축 현실에 대한 비판적 시각과 미래 지향적 프로젝트들을 좀 더 솔직하게 담아냈다고 할 수 있다. 전작이 요즈음 건축을 보다 쉽게 설명하기 위해 쓰여졌다면 이번 책은 내가 생각하는 건축 문화적 주장과 색채를 조금 더 강하게 드러내고자 하였다. 그러한 측면에서 내용뿐 아니라 편집·문장·제목·디자인 등 책의 모든 것을 하나하나 세심하게 손봤다고 자평할 수 있다.

전작을 출간할 당시, 나는 적어도 5년 정도 이후에 2.0을 출간하고자 다짐하였다. 그러나 우리 사회의 변화 속도는 그리 여유롭지 못하다. AI·XR·언리얼 엔진 등 하루가 멀다고 건축 관련 신기술이 나오고 유행이 바뀐다. 전 세계의 수많은 건축 작품은 온라인을 통해 실시간 공유된다. 지난 몇 년 사이 건설 불황 여파로 건축학과

학생들은 새로운 진로를 찾아 헤매고, 기성 건축가들은 공모전에 목을 맨다. 이렇게 급변하는 시대의 지난 3년은 『요즈음 건축 2.0』을 출간하기에 충분히 긴 시간이었다. 나에게 『요즈음 건축』은 대단한 결론이 있는 완성본이라기보다 매 순간 현재 진행형인 시리즈물이다. 따라서 『요즈음 건축 2.0』는 2025년 현재 우리 사회의 변화, 그에 따른 우리 건축의 변화, 그리고 건축가로서 이 시대를 살아가기 위한 성장과 변화가 담겨 있는 책이다. 이를 통해 더 나은 현재와 미래, 그리고 다음 세대를 위한 작은 디딤돌이라도 되고자 한다.

목차

들어가며　2.0을 출간하며 ········ 4

1부　고민

건축 사대주의 ········ 12

탈건의 시대 1 ········ 22

탈건의 시대 2 ········ 30

위기의 건설 시장 ········ 39

친환경 건축의 왜곡 ········ 48

기술의 비전과 허상 ········ 57

창의적 디자인을 위한 추상 ········ 65

전략적 디자인을 위한 인지 ········ 75

매체는 끊임없이 변화한다 ········ 86

재료와의 대화 ········ 95

어렵지만 꼭 필요한 색 ········ 105

세상을 바꾸는 3가지 방식 ········ 113

건축가, 미래를 그리다 ········ 123

불변의 그리고 변화의 건축 ········ 132

2부 실천

지하 공간의 재발견 ········ 144

리모델링 : 최선과 차선의 건축 ········ 154

관공서 건축하기 ········ 164

공사비 1%의 시장 ········ 174

AI 시대의 건축 ········ 184

새로운 디자인 도구, 메타파사드 ········ 194

파렛트를 활용한 10가지 실험 ········ 206

부분과 전체 : 모듈로 디자인하기 ········ 232

기술 혁신, 건축재의 새로운 도전 ········ 246

측벽의 시대, 아파트 입면 디자인하기 ········ 262

자연에서 찾은 친환경 구조물 ········ 268

기하학이 만들어낸 특별한 디자인 ········ 282

조경 시설물을 통한 건축적 실험 ········ 298

버려진 고가 하부의 색다른 변신 ········ 310

나가며   서울성 : 다층도시 ········ 318

이미지 출처 ········ 330

감사의 글 ········ 334

고민

건축은 사회 변화를 읽고
이를 적극적으로 받아들일 때
그리고 스스로 혁신하고
새로운 영역을 개척하고자 할 때
시대를 앞설 수 있다.

Consider

건축 사대주의

최근 우리나라의 건축 시장은 해외 건축가들에게 뜨거운 감자다. 전 세계의 소위 스타 건축가들이 앞다투어 한국 프로젝트를 수주하고 멋진 작품을 선보인다. 이제는 서울 시내를 거닐며 해외 유명 건축가들의 작품을 찾기가 그다지 어렵지 않다. 일부 스타 건축가들은 한국에 지사까지 내고 매우 적극적으로 영업 활동을 한다. 한국 건축 시장이 갑자기 왜 이렇게 해외 건축가들에게 인기가 많아졌을까? 이러한 현상이 좋아하고 자랑할 일일까? 혹은 비판하고 안타까워할 일일까? 우리는 이러한 현상을 어떻게 바라보아야 할까?

문화 사대주의와 건축
우리나라의 문화 사대주의는 과거부터 현재까지 시대를 막론하고 존재해 왔다. 고대로부터는 중국, 근대 이후로는 일본, 현대에는 미국 등 우리는 문화적으로 누군가를 동경하며 배워 왔다. 그러다 보니 시대에 따라 우리 문화는 특정 해외 문화의 지배력 아래에 있어 왔고, 해외에서 인정받으면 국내에서는 그 자체만으로 대단한 것으로 평가되어 왔다. 어쩌면 힘없는 작은 나라로서 당연한 수순일 수 있다.

건축도 예외는 아니다. 건축은 기본적으로 한 사회의 문화가 집적되어 드러나는 분야이기에 어떠한 다른 분야보다 문화 사대주의가 뿌리 깊게 내려왔다. 우리의 근대 건축은 일본의 것을 그대로 가져왔다. 해방 후 산업화 시기, 김중업·김수근 등 유럽과 일본에서 배우고 돌아온 1세대 건축가들이 우리의 건축 문화를 주도하였다. 이들은 개발과 성장의 시기에 굵직한 프로젝트들을 통해 해외 건축을 배경으로 한국적 건축을 발견하려 노력하였다.

1990년대 이후 수많은 건축학도가 미국·유럽 등으로 유학길에 오르고, 2000년대 이후 그들이 귀국하여 활동하면서 국내 건축계에 비로소 글로벌 건축 트렌드가 자리잡는다. 특히 선진국 수준의 경제력에 도달한 2010년 전후부터는 도시의 랜드마크 건축 사업에 해외 유명 건축가를 고용하는 경우가 잦아졌다.

왜색 논란이 일었던 부여박물관, 김수근

르 코르뷔지에의 영향이 엿보이는 프랑스대사관, 김중업

서울의 랜드마크가 된 외국 건축가들의 건축물, DDP, Zaha Hadid

서울의 랜드마크가 된 외국 건축가들의 건축물, ECC, Dominique Perrault

오래된 브랜드 건축가들의 건축

물론 외국 건축가는 국내에서 활동할 수 있다. 글로벌 시장 경제 체제에서 건축사 자격도, 건축가 시장도 개방되었으니 말이다. 그러나 문제는 일부 스타 건축가들로 제한된 편협성이다.

최근 국내에서 많이 활동하는 해외 유명 건축가들을 보자. 렘 콜하스·노먼 포스터·MVRDV·유엔 스튜디오·안도 타다오·리처드 마이어·프랭크 게리·렌조 피아노·도요 이토·데이비드 치퍼필드·도미니크 페로·토마스 헤더윅 등 일반인마저 그 이름은 한 번쯤 들어봤을 세계적인 건축가들이다. 그러나 대부분 해외에서는 이미 철지난, 소위 왕년에 잘나가던 건축가다. 1990~2000년대 왕성히 활동하며 이름을 날렸으나, 지금은 은퇴할 나이에 이른 70·80대, 심지어 90대 건축가들이다. 오히려 국내 건축 시장은 세계적으로 새롭게 주목받으나 아직은 이름이 낯선 건축가에는 별로 관심이 없다.

이러한 현상은 이미 잘 알려진 건축가들의 브랜드를 소비하고자 함이 크기 때문일 것이다. 이들을 고용하는 기득권층은 4050 중장년층일 것이고, 이들은 주로 1990~2000년대 국내 대학에 다니거나 유학을 통해 건축을 접한 사람들이다. 나 역시 마찬가지다. 이들에게 최고의 건축가는 그 당시 건축 잡지·건축 작품집·해외 여행 등에서 보고 동경해 온 건축가들이 전부다. 그러다 보니 해외에서는 이미 한물갔거나 고령이라 하여도, 우리에게는 명품 브랜드의 스타 건축가다.

자본의 건축, 상징의 건축
하나의 건물을 짓기 위해 보통 사업비 예산을 먼저 잡는다. 시장에서의 단위 공사비 시세를 알아보고, 유사 프로젝트 사례를 조사하여 공사비 예산을 조정한다. 그리고 규모와 프로그램에 따라 공사비의 3~5%로 설계비가 책정된다. 이러한 과정을 거쳐 최대한 효율적이고, 경제적으로 건물을 만들고자 하는 것이 상식적이고 일반적이다.

그러나 외국 건축가들을 모셔 오는 경우는 다르다. 이러한 프로젝트는 대부분 거대 자본이 투입되는 랜드마크성 건축물이다. 설계비·공사비 모두 아낌없이 투자한다. 조달청 공공건축물 기준 국내 건축 공사비는 평당 1,200만~1,300만 원 수준인 반면, 외국 건축가들의 프로젝트 공사비는 평당 3,000만 원 내외, 많게는 평당 4,000만 원을 호가한다. 설계비 또한 부르는 게 값이다. 외국 건축가들은 보통 기본 설계만 하고 국내 로컬 설계 사무소가 실시 설계를 맡는다. 외국 건축가들의 기본 설계 비용은 국내 설계사무소의 실시 설계 비용보다 훨씬 높은 것이 일반적이다.

    그러다 보니 국내 건축가들이 항상 저렴한 설계비와 부족한 공사비 안에서 조금이라도 더 나은 건축을 하기 위해 사투를 벌이는 반면, 외국 건축가들은 넉넉한 설계비와 여유 있는 공사비로 작품 건축을 할 수 있는, 건축가로서 최상의 어건이 제공된다. 비싸고 질 좋은 마감재와 아낌없는 공사비로 완성도가 보장된 공사는 그들의 건축적 결과물을 보장한다. 상황이 이러하니 유명 외국 건축가들은 한국 시장을 선호하고, 국내 자본가들은 외국 건축가에게 열광한다.

	DDP	LG 아트센터 서울	송은아트센터	솔올미술관
건축가	자하 하디드	안도 타다오	헤르조그 드 뫼롱	리처드 마이어
준공 시기	2013년	2022년	2023년	2024년
면적	86,574m^2	41,631m^2	8,167m^2	3,221m^2
총 공사비	3,475억 원	2,556억 원	600억 원	350억 원
m^2 공사비	4,013,907원	6,139,655원	7,346,639원	10,860,000원
2026년 예측 m^2 공사비 (2015년 대비 2024년 현재 160%)	7,225,032원 (1억원 적용시)	7,978,789원 (1가억 적용시)	8,727,272원 (120% 적용시)	13,000,000원 (120% 적용시)
2026년 예측 평당 공사비 (2015년 대비 2024년 현재 160%)	23,842,000원 (180% 적용시)	26,330,000원 (120% 적용시)	28,800,000원 (120% 적용시)	42,900,000원 (120% 적용시)

국내 유명 건축물의 단위 공사비

공공건축의 사대주의

자본주의 사회에서 돈 있는 사람들이 민간 차원에서 외국 건축가를 고용하는 것은 그들의 자유다. 국내 건축계 입장에서 안타까워할 수는 있으나 비난할 일은 아니다. 그러나 공공건축은 상황이 다르다. 공공건축물은 한 푼이 소중한 국민 혈세로 지어진다. 규모와 기능에 따라 사업비의 적절성·필요성에 대한 철저한 사전 검토와 합의가 필요하다. 설령 도시의 랜드마크 건축이 필요하더라도 누구에게나 열린 국제 공모전 등을 통한 투명한 선정 절차가 필요하다.

그러나 최근 상황을 보면 일부 공공건축물마저도 사대주의에 빠져 있다. 특정 외국 건축가들을 우선 지명한 후 공모전을 진행하거나 암암리에 그들에게 공공건축 프로젝트가 맡겨진다. 유명 건축가들의 브랜드를 앞세워 랜드마크적 공공건축물을 만들고, 이를 자신들의 정치적 성과물로 이용한다. 당연히 이들이 맡는 프로젝

외국 유명 건축가들이 진행 중인 서울시 공공프로젝트
노들섬 계획안, Heatherwick Studio(좌) / 서울링 계획안, UN Studio(우)

트의 사업비는 일반 공공프로젝트의 몇 배나 된다. 일부 후진국의 경우를 제외하고, 공공이 나서 몇 배의 사업비가 드는 외국 유명 건축가들을 위한 판을 짜주는 나라는 대한민국 외에는 없다.

건축의 글로벌화와 스타 건축가

이러한 비판에 대해 외국 유명 건축가 중 한 명은 이렇게 반문한다. 불평하지 말고 한국 건축가들도 해외로 나가서 활동하면 되지 않느냐고. 억울하면 성공하라는 듯한 뉘앙스는 더 이상의 말을 잃게 만든다. 그러나 이 문제를 단순히 건축가 개인의 경쟁력 문제로 치부하는 건 적절하지 않다. 국내 건축가들도 디자인에 있어서는 이미 글로벌 경쟁력을 갖추고 있다. 그러나 사회 문화적 배경과 산업적 연계가 큰 건축 분야의 특성상, 해외 건축 시장에 국내 건축가를 위한 개방성과 교류 가능성은 높지 않은 것이 현실이다. 국내 시장의 외국 건축가 활동은 건축의 글로벌화로 인한 현상이 아닌 우리의 편협한 문화 사대주의에 의한 문화적 문제다.

　국내 유명 건축가들이 실력에 비해 국제적 스타로 크지 못하는 면도 있다. 많은 사람은 왜 우리나라에서는 건축계의 노벨상이라 불리는 프리즈커상 수상자가 나오지 못하느냐는 질문을 한다. 여러 이유가 있겠으나 우리 건축계 내부에서 서로가 서로를 끌어내리는 잘못된 평등 문화도 한몫을 한다. 조금 잘나고 유명해지면 이를 시기하고 질투하며 좋지 않은 소문이 퍼진다. 건축가가 건축계에서조차 존중받고, 존경받지 못한다. 우리에겐 방송에 많이 나오는 건축가가 스타 건축가다. 그러다 보니 국내 중요 프로젝트는 해외 유명 건축가에게 의존하고, 국내 건축가는 안팎으로 무시당할 수밖에 없다.

한국 건축의 성장을 위하여

건축 사대주의는 지양되어야 한다. 특히 공공건축에서의 건축 사대주의는 조절되어야 한다. 이는 절대 폐쇄적·국수주의적 건축 시장을 의미하지는 않는다. 철 지난 스타 건축가를 브랜드 팔이 목적으로 비싸게 쓰기보다 언젠가 진정으로 국제화된 국내 건축 시장이 만들어지기를 기대한다. 더 나아가 우리 건축계도 서로 밀어주고 이끌며 실력으로 존중하고, 존경받는 많은 스타 건축가가 배출되기를.

탈건의 시대 1

최근 의대 입학 정원 증원 문제로 우리 사회가 뜨거웠다. 3,000여 명의 의대 입학 정원을 2,000명 증원한다는 소식은 2024년을 달군 뜨거운 감자였다. 의대 정원과 전공의 파업은 일반 시민에게도 교육과 의료라는 주제로 다가와 관심을 가질 만한 이슈가 되었다. 그러나 의대 및 법대와 마찬가지로 대학의 5년제 전문 교육 과정을 거쳐 건축사 시험을 보는 건축학과에는 아무도 관심이 없다. 건축학과의 입학 정원과 건축사 시험, 그리고 건축사 수의 문제는 의대 못지않게 심각하게 구조적인 문제가 있는데도 말이다.

어려워진 건축의 현실, 그리고 탈건
1980~1990년대 산업화 성장 시대, 건축학과는 인기 학과였고, 건축가는 누구나 꿈꾸는 선망의 직업 중 하나였다. 그러나 한 세대가 지나면서 지금은 비인기 학과 중 하나면서 건축가는 현실적인 어려움을 겪는 전문직으로 인식되고 있다. 5년제 교육과정을 졸업한 건축학과 졸업생 중 절반 이상이 건축 외의 다른 진로를 택하는

일명 '탈건'의 길을 간다.

이 현상을 과연 어떻게 바라봐야 할 것인가? 산업 구조의 변화로 건설 산업의 어려워진 현실이 문제일까? 혹은 다양해진 진로와 직업으로 인한 자연스러운 시대적 현실일까? 이는 개선할 여지 없이 그대로 받아들여야 하는 현실일까? 이 문제를 구체적으로 들여다보자.

건축사가 너무 많다

혹자는 건축사라는 직업이 경제적 어려움을 겪는 전문직이 되었음을 문제 삼는다. 우리나라의 건축사가 너무 많아졌고, 더 늘어나고 있고, 그래서 경쟁이 너무 심해졌음은 부인할 수 없는 현실이다. 2024년 기준 우리나라의 누적 건축사는 2만 6,000여 명이라고 한다. 지난 60여 년간 매년 200~300명씩, 1990년대 한때 1,000명 이상, 2000년 이후 다시 400~500여 명, 그러다가 최근 다시 1,000여 명씩 늘어나고 있다.

절대적 수치로 봐도 우리나라의 건축사 수는 분명 많은 편이다. 건축사 1인당 인구가 2,000명 정도이지만, 인구의 60% 이상이 건축사가 필요 없는 아파트에 거주하는 현실을 감안하면 1,000명 수준이 적절하다. 이 역시도 중국을 제외한 주요 국가들(독일 806명·미국 1,300여 명·영국 1,880명·프랑스 2,187명)과 비교하면

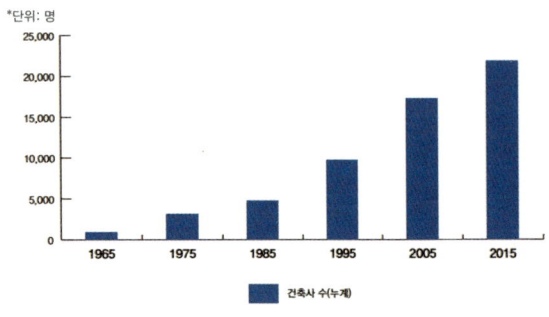

국내 건축사 수(출처: 대한건축사협회 건축사신문)

많은 편에 속한다.

    그러나 유럽 대부분의 나라들은 건축학교를 이수하면 건축사는 자동으로 취득하게 된다. 많은 나라에서 '건축사'라는 자격은 특정한 기득권을 보장해 주는 자격이라기보다 건물을 설계하기 위한 최소한의 수행 능력을 증명해 주는 열린 자격증이다. 그러나 우리나라에서는 그렇지 않다. 대한건축사협회는 건축사를 변호사·회계사·변리사 등 고소득 전문직과 비교하며, 전체 건축사 수를 조정하기 위해 시험 합격률을 매우 낮게 통제하여 취득하기 어려운 대단한 고시인 것처럼 자랑하고 있다.

건축학도가 너무 많다

건축 전문 인력 시장의 수요 공급 문제를 살펴보자. 우리나라는 거의 모든 대학에 건축학과가 있다. 건축학도가 많아도 너무 많다. 2023년 기준 전국 대학교 건축학과 입학 정원은 4,186명, 전문대 2,313명이다. 이 중 건축사 양성 교육을 목표로 만든 5년제 입학 정원은 2,605명, 재학생은 1만여 명이다. 매년 2,600여 명의 5년제 졸업생, 1,500여 명의 4년제 졸업생, 2,300여 명의 전문대 졸업생까지 다 합치면 6,400여 명의 건축학과 관련 졸업생이 배출된다.

인구 3억 명이 훌쩍 넘는 미국의 경우 NCARB 등록된 대학 및 대학원 건축학과 입학생이 7,500여 명, 인구 6,700만 명의 영국의 경우 RIBA 등록 대학 및 대학원 건축학과 입학생이 4,000여 명 수준이다. 특히 거의 절반이 해외 유학생임을 감안하면 미국 4,000여 명, 영국 2,000여 명 수준으로 볼 수 있다.

미국에서 한 해 의대 입학생 수가 2만여 명, 같은 기간 법대 입학생 수가 3만 5,000여 명임에 감안하면 미국의 건축학과 학생 수는 의대생·법대생 수의 반의반도 안

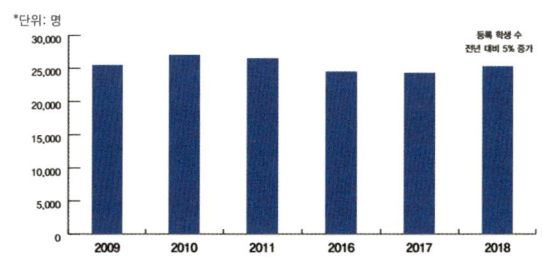

미국 건축학과 입학생 통계(출처: NCARB(미국건축사등록원))

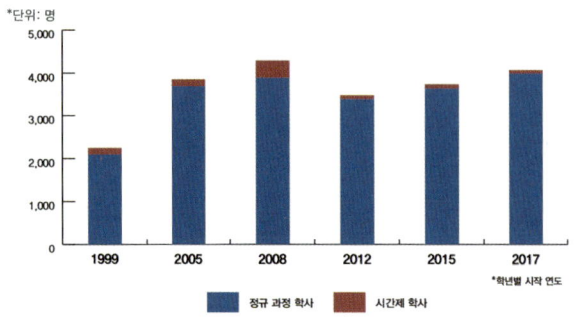

영국 RIBA 건축학과 입학생 통계(출처: RIBA(영국왕립건축사협회))

되는 수준임을 알 수 있다. 현재 우리나라의 5년제 건축학과 입학 정원은 사회적 이슈가 된 국내 의대 기존 입학 정원과 비슷하고, 4년제 건축학과와 전문대 건축학과까지 그 범위를 넓히면 의대 정원의 2배를 뛰어 넘는다. 우리나라 전체적인 인구 감소와 산업 구조의 변화까지 고려하면 현재 졸업생 숫자는 많아도 너무 많은 게 사실이다.

건축학 교육과 건축사 자격 시험

건축학 교육 인증제도는 국제 기준에 맞추어 건축 교육의 질을 높이기 위하여 만든 교육 인증제도로, 국내에서는 기본적으로 학부 5년 이상의 교육(대학원 과정을 통한 방식도 있으나 국내에서는 대부분 학부 중심)을 이

수하고, 3년의 실무 수련을 거쳐 건축사를 취득하는 제도다. 2005년부터 시작되어 현재 과반 이상의 주요 대학들이 시행 중이다. 일반적인 전공과 달리 의대·법대와 마찬가지로 5년제 전문 교육 과정이라는 특성을 지닌다.

그러나 의대 졸업 후 전문의 자격 시험은 합격률 90%대, 로스쿨 졸업 후 변호사 자격 시험은 합격률 60%대인 반면, 졸업하고 실무 수련 3년을 거쳐 보는 건축사 시험 합격률은 현재 10% 남짓밖에 되지 않는다. 이마저도(앞서 언급했듯 국내 건축사와 건축학도가 이미 너무 많다는 것이 현실이기에) 더 낮춰야 한다는 목소리도 작지 않다. 5년 동안의 전문교육을 받고, 실무 수련 3년을 거쳐도 합격이 어려운 건축사 시험을 봐야 한다니. 건축에 어지간한 열정을 갖고 있지 않다면 건축학과를 택하기도 쉽지 않고, 설사 졸업해도 건축의 길을 이어가기가 쉽지 않다.

건축사 자격 시험 방식은 더 심각하다. 최근 국내 건축사 시험을 2027년부터 CBT(Computer Based Test) 시험 방식으로 전환한다고 한다. 아직까지 제도판 위에 손으로 그려 설계하고 평가받는다. 그러나 미국은 30년 전인 1997년부터 CBT 시험을 시행해 왔고, 국내 대학의 건축 교육도 건축 실무도 이미 20여 년 전부터 모든 작업이 컴퓨터로 이루어진다. 그러나 세계 최고의 IT 강국이라는 우리나라에서 건축학도들이 졸업하고 학원을 다니며 건축사 시험을 위해 난생처음 핸드 드로잉을 배운다는 것은 상식 밖의 일이다. 너무나 우습고 부끄러운 일이다.

1인 건축사의 나라

건축을 어렵게 만들어 온 다른 한 현실은 '나 홀로 건축사'의 현실이다. 2000년대 이후 1~4명의 소규모 건축사무소 수는 4,000여 개에서 2021년 기준까지 1만 5,000여 개까지 3배 이상 증가하였다. 여기에는 최근 20여 년간 국내 민간 부동산 경기 호황 덕분도 있으나, 모든 공공프로젝트를 설계 공모로 진행한 공공건축 시장도 건축사들의 독립을 부추긴 면이 있다.

    2000년대 이후 '공모 만능주의'라고 할 만큼 일정 금액 이상의 모든 설계 발주를 동일하게 '설계 공모'라는 방식으로 발주해 왔다. 언뜻 보기에 1인 건축사도 누구나 도전할 수 있는 열린 기회로 보여지니 너도나도 개업하고 공모전에 뛰어든다. 큰 회사든 작은 회사든, 준공 프로젝트의 완성도보다 수주를 위한 공모전에만 집중하게 되었고, 언제부터인가 공모라는 제도에만 목매는 공모 만능주의에 빠져 있다. 이로 인해 '수주'만을 위한 소모적인 경쟁은 더욱더 치열해지고, 온갖 네트워크와 불법적인 검은돈이 오가는 상황까지에 이르렀다. 건축설계 공모는 단순한 아이디어와 멋진 그림이 아닌 좋은 설계를 진행할 우수한 건축가를 선정하기 위함이라는 기본 취지를 무색하게 한다.

탈건의 시대

우리나라 건축사는 이미 충분히 많다. 그런데 건축학도는 그보다 몇 배는 더 많다. 시대가 바뀌고 산업 구조가 바뀌었으나 대학의 건축학과 정원과 교육 과정은 그대로다. 기성 건축사들은 건축사 자격 시험을 더 어렵게 하여 문턱을 높이려 하고, 젊은 건축학도는 더욱더 힘들어진다. 건축사 시장은 안정적인 중대형 사무소보다 배고픈 소규모 건축사사무소 간의 소모적 경쟁이 판을 친다. 학생들에게, 젊은 건축가들에게 '탈건'은 어쩌면 지극히도 상식적이고 합리적인 고민이고 선택이다.

탈건의 시대 2

건축사는 국가로부터 자격증, 즉 면허를 발급받은 사람이다. 건축사의 사(士)는 관리·벼슬아치 등을 지칭하는 흔히 우리나라 사람들이 좋아하는 사(士)자 붙은 직업이다. 건축가는 사전적으로 건축에 대한 전문적인 지식이나 기술을 보유한 사람으로서 건축가의 가(家)는 문학이나 예술 등 창작 활동을 하는 사람에게 붙이는 표현이다. 전자는 '건축사'라는 자격증을 전제로 한 직업적 이익 집단이자 기득권 집단에, 후자는 '건축'을 작품으로 '건축가'를 작가로 정의하고자 하는 직업적 정체성에 방점을 둔다.

건축사든 건축가든, 통상 외국에서는 'Architect'라고만 칭한다. 건축사와 건축가를 구분하려 하고 서로가 다투는 모습도 우리만의 특이한 현상이다. 서로의 관점에 따라 '대한건축사협회'와 '한국건축가협회'가 따로 있다. 이에 추가하여 '새건축사협의회'가 생겼다. 과도한 건축사 양성, 후진적인 자격증 시험, 이권 다툼, 그에 대한 반발과 집단적 갈등으로 벌어진 현실이다.

모든 건축물이 작품이 아니듯 모든 건축사가 건축

가는 아니다. 건축가는 자격의 기준이라기보다 존중과 명예의 기준이 되어야 한다.

건축사 과잉의 사회에게

앞서 언급했듯 우리는 이미 건축사 과잉의 사회에 살고 있다. 이러한 현실에서 기존 건축사 집단은 건축사 자격 집단의 기득권 지키기에 혈안이 되어 있다. 건축사 시험의 합격률을 통제하고 설계·감리의 분리를 통해 감리 시장을 기성 건축사 집단에서 나누어 가진다. 한쪽에서는 공모전 하나에 수십 개 업체가 몰리는 치열한 소모적 경쟁에 내몰린다. 지금처럼 건축사 시험 합격률을 통제만 하는 것이 능사일까?

운전면허가 있다고 운전을 잘한다고 하지 않는다. 운전면허는 나 자신과 남을 안전하게 보호하며 운전할 수 있는 최소한의 자격이다. 건축사라는 자격증은 안전한 건물을 설계하기 위한 최소 기준이 되어야 한다. 이는 건축을 잘하고 못하고가 아닌 5년의 건축학 인증 교육과 3년의 실무 수련을 정상적으로 받았다면 누구나 취득 가능해야 한다. 건축사 시험은 현재와 같이 건축설계 능력에 대한 정성적 평가가 되어서는 안 된다.

이런 주장은 지금도 건축사가 너무 많다고 하는 현실에 충분히 비판받을 수 있다. 그러나 건축사가 많아지는 것을 두려워하지 말자. 오히려 장기적인 관점에서 일본이 그러하듯 더 많은 건축사가 활동하는 시장이 건축사와 건축가의 정성적 차이를 구분지을 수 있다. 건축사는 자격증일 뿐, 건축사를 가지고 건축 관련 혹은 아예 다른 업종의 일도 할 수 있다. 건축가는 건축사라는 자격을 기본으로 하되 제대로 된 창작 활동을 해 나가는 작가로서 정성적 평가를 받아야 한다. 우리가 건물(建物)과 건축(建築)을 구분하듯 둘을 별개로 봐야 한다.

건축사들이여, 전문성을 키워라. 현재 우리나라처럼 1인 건축사의 창업이 남발하는 환경은 개인에게도, 건축계에도 좋지 않다. 건축학도의 꿈이, 건축사의 목적이 설계사무소 창업이 되어서는 안 된다. 전문성과 경험 부족한 1인 설계사무소는 갈수록 설 자리를 잃는다. 유

일상 건물과 작품으로서의 건축
서울 어느 건물(좌) / 송은아트센터, Herzog de Meuron(우)

명한 건축가 1명이 역사적 걸작을 설계하던 작품의 시대는 지났다. 전문화된 건축, 협업하는 건축, 소통하는 건축이 필요한 시대다. 단순히 프로젝트의 규모를 떠나서 건축에 있어서 중대형·중소형 회사의 역할이 따로 있다. 중대형 회사의 회사원으로서의 건축가든, 개인사업자로서의 건축가든, 요즈음 건축에 더 중요한 것은 전문성과 특수성을 키워가는 것이다.

건축학도 과잉의 학교에

마찬가지로 우리나라는 건축학도 과잉의 나라다. 전국 모든 대학교에 건축학과가 있다. 앞서 사례로 든 미국·영국 등 선진국과 비교하면 인구 대비 우리나라의 건축학과 5년제 입학생은 많아야 연간 1,000여 명 수준이 적정하다. 솔직히 국가 산업 구조의 관점에서 현재 건축학과 정원의 절반 이상이 시장에 불필요한 잉여 인력이다. 수요와 공급이 맞지 않으니 많은 학생이 졸업 시기가 오면 소위 '탈건'을 고민하고, 다른 진로를 탐색하는 것은 매우 자연스러운 현실이다. 그럼에도 건축학계는 여전히 건축학 교육 인증제도를 통해 5년제 과정이 '건축사'를 양성하기 위한 교육 프로그램임을 강조한다. 많은 건축학과 교수님은 학생들의 '탈건'을 아쉬워하고, 학생들에게 건축의 사회적 가치와 작가적 낭만을 설파한다.

졸업 설계 과정을 통해 학생들 모두가 작가가 되어 자유로운 주제로 건축적 낭만을 꿈꾸게 한다. 무책임한 교육이 아닐 수 없다.

건축학도들이여, 얼마든지 탈건하라. 급격한 산업 및 인구 구조의 변화에 따라 건축계의 인력 양성 구조, 즉 분야별 학생 정원은 시대에 따라 변화해야 한다. 증원이 필요한 전공도 있고, 감원이 필요한 전공도 있다. 그러나 우리나라는 이미 50~60년 전 산업화 시기 정원이 거의 변화 없이 그대로 이어져 오고 있다. 이해관계자가 많기에 대학 정원은 증원도, 감원도 쉽지 않다. 교육부와 대학에서 정원을 조정하지 않는 한, 건축학과 학생 수는 앞으로도 크게 변동이 없을 것 같다.

건축학도들이여, 건축설계를 진정 좋아하고 잘할 수 있고 건축사가 아닌 건축가가 되고 싶은 일부 학생만

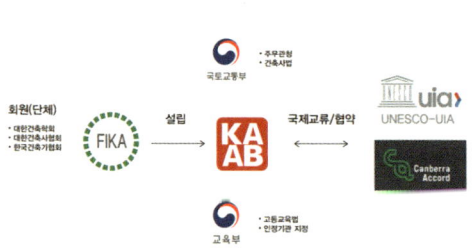

건축사 자격 요건에 필요한 건축학 교육 프로그램 인증이 설립 목표인 KAAB

파사드·인테리어·가구 등 건축을 넘어선 저자의 다양한 디자인 활동

남고, 탈건하여 더 나은 길을 찾아라. 학교는 학생들이 건축 관련 업종 혹은 건축 교육을 기반으로 할 수 있는 다양한 직종의 기회를 적극 열어주어야 한다.

영문학과 나왔다고 모두가 영문학 연구가가 되지 않는다. 역사학과 나왔다고 모두가 역사학자가 되지 않는다. 건축학과 나왔다고 건축사가 되지 않는 길을 간다고, 탈건한다고 이상할 게 없다. 가구·인테리어·파사드·제품 디자인·전시·기획 등 이제는 분야의 경계가 모호해지고 모든 것이 융합하는 시대다. 건축 교육의 목적이 건축사 양성이라는 구태의연한 목적의식은 벗어버려야 한다.

공모 과잉의 국가에

우리나라는 건축 공모 과잉의 국가다. 공모전은 건축 역사에 있어서 혁신적 프로젝트의 시도와 신진 작가 등단의 무대라는 측면에서 긍정적인 제도다. 또한, 민주주의 체제 아래에서 기회의 평등과 사회적 공정성을 확보해 주는 긍정적인 제도다. 최근에는 기술적 지원으로 모든 공모전 심사를 유튜브로 생중계까지 하면서 공모전이라는 제도를 향한 맹신이 더 강해지고 있다.

문제는 이러한 공모전이 건축가들을 무한 경쟁시키고, 소모적 출혈과 부정부패를 부추기고 있다는 점이다. 대형 설계사무소들은 온갖 보이지 않는 부정한 방법을 동원한다. 돈과 학연·지연 등을 통한 로비 활동은 소위 '영업'이라는 명분으로 포장되어 공공연히 자행되고 있다. 특히 최근 경기가 어려워지자 대형사들은 컨소시엄 형태로 공모전에 참가하며 서로 나눠 먹기식의 독과점 시장까지 형성해 가고 있다. 그나마 공정해 보이는 적은 설계비의 공모전들은 적게는 수십 개, 많게는 100여 개 이상의 업체가 몰려드는 출혈 경쟁으로 사회적 비용만 낭비되고 있다.

공모전은 줄이고 세분화하라. 일단 누구에게나 열린 일반 설계 공모는 줄여야 한다. 전문성 혹은 관련 경험이 필요한 일이라면 철저한 검증 속에 수의계약 혹은 제안 공모의 비중을 높여야 한다. 또한, 요즈음 건축설계는 분야별로 더 전문화·세분화되어 1명의 건축가가 수행할 수도 없고, 하나의 그림으로 판단하기도 어렵다. 해외의 경우, 어느 일정 규모 이상의 건축물은 RFQ(Request for Qualification) 혹은 RFP(Request for Proposal) 등 제한적 입찰 혹은 자격 심사를 통해 소형 사무소가 아닌 중형·대형 사무소 중에서 적격 업체를 선정하여 책임감 있고, 완성도 있게 진행해 가고 있다.

탈건의 시대를 마치며

우리에게 '탈건'은 자연스러운 시대적 산물이다. 시대의 급속한 변화를 학교가, 사회가, 국가가 따라가지 못하여 발생한 현상이다. 변화는 숙명이다. 변화를 알면서도 억누를 때 그 피해는 고스란히 다음 세대에게 전해진다. 학교도, 사회도, 국가도 시대 변화에 보폭을 맞춰야 한다. '탈건'이 문제가 아니라 '탈건'을 문제 삼는 이 현실이 문제다.

위기의 건설 시장

요즈음 건설 경기가 심상치 않다. 수년 전부터 공사비가 큰 폭으로 인상되고, 이자율도 오르면서 그동안 진행되어 온 부동산·건설 관련 사업들은 줄줄이 중단되거나 취소되었다. 대규모 사업이 흔들리면서 중소 규모 사업들까지 모두 경기 침체의 여파를 받고 있고, 건설업체들과 설계사무소들은 절박한 위기의식을 느끼고 있다. 이렇게 민간 시장의 극심한 침체에 더하여 공공건축 시장도 공사비 상승·현장 사고·부정부패 사건 등으로 인해 어느 때보다 극심한 침체기에 빠져 있다.

건축과 공사비
건축물은 가격이 붙는 물건의 일종이다. 그것도 어마어마한 돈이 들어가는 가장 비싼 물건들 중 하나다. 따라서 건축물을 짓는 가격, 즉 공사비는 누구나 궁금해하는 부분 중 하나다. 그런데 물건값이 고가의 백화점 명품부터 저가의 시장 잡동사니까지 다양하듯, 건축물의 공사비도 천차만별이고, 물가 상승 흐름에 맞춰 지속적으로 상승한다.

이러한 공사비에 객관적인 지표가 있을까? 건축물은 다품종 소량 생산의 업역이기에 물가처럼 지표를 만들기가 어렵다. 지역에 따라, 담는 프로그램에 따라, 디자인에 따라, 규모에 따라 너무나 다르다. 그나마 10여 년 전부터 공공건축물은 공사비 통계 자료가 공개되어 건축물의 유형별 공사비, 시기에 따른 공사비 변화 등을 가늠해 볼 수 있다. 최근에 와서야 국가에서 공사비 지수도, 물가 지수와 마찬가지로 변화 추이를 연도별로 제시하고 있으나 아직 그것도 공공건축물에 한할 뿐이다. 계획을 시작하면서부터 공사가 끝날 때까지, 아무리 규모가 작아도 최소 몇 년씩 걸리는 건축 공사의 특성상, 그 사이 여러 내외부 변수에 따라 큰 폭으로 변하는 공사비를 정확히 예측하는 것은 난해하다.

　그럼에도 최근 공사비 상승 수준은 소비자 물가 상승을 크게 뛰어넘기에 건설 산업 전반에 위기를 낳았다. 공사비는 한 번 오르면 내리기가 거의 불가능하다. 즉 이미 소비자 물가 상승 폭을 크게 벗어나 올라버린 공사비는 다시 내려오지 않는다. 경기가 다시 좋아지면 아파트 재건축 시장이 활성화되고, 건설 경기도 살아날 거라 기대하는 사람들에게는 절망적이나 과거와 같은 부동산·재건축 호황은 돌아오지 않을 것이다.

건축 시장의 현실

이렇게 불확실한 시장은 혼란과 불신을 야기한다. 불투명한 조건에서 공급자는 비싸게만 부르려 하고, 수요자는 싸게만 지으려 한다. 그러다 보니 최저가 입찰·낙찰제·수의시담 등 이상한 용어가 난무하는 건설 시장이 만들어졌다. 발주처는 '입찰'이라는 경쟁을 통해 '낙찰자'를 선정한다. 우리나라 정부와 건설업계는 아직까지 많은 경우 최저가 입찰 경쟁을 붙인다. 문제는 가격 경쟁이 아니라 그 방식이다. 예정가격 빈도 구간·수행능력 지표 등 전혀 예측이 안 되는 전자 입찰 방식이라 업체들 사이에 낙찰은 로또 당첨에 비유될 정도다. 또한, 입찰 대행업체까지 만들어내는 부작용을 낳고 있다.

수의시담이라는 제도는 더 이해하기 힘들다. 그 용어부터 생소하다. 수의시담이란 발주처가 누군가와 계약 전 협상하여 가격을 내리는 과정을 의미한다. 즉 깎는다는 말이다. 우리 문화는 정부에서부터 기업체·전통시장까지 모든 거래가 가격을 깎는 것을 전제로 한다. 모든 재무부처의 가장 큰 역할은 가격 깎기다. 거대한 건설사업 계약도 시장 배추 한 포기 거래처럼 무조건 깎고 본다. 그러다 보니 설계가·예가·실행가 등 용어가 생긴다. 이미 깎일 거를 알고 거래한다. 그 과정은 당연시되고, 우습게도 시장에서는 2개의 가격이 존재한다.

*단위: 원/m²

	공공 설계 대가	민간 설계 대가
제2종 근린 생활 시설	11.8만	1.4만
창고 시설	7.3만	1.3만
운동 시설	14.4만	2.9만
단독주택	11.5만	2.5만
문화 및 집회 시설	13.3만	4.3만
공동주택	8.0만	2.7만

*건축행정시스템 세움터(2019년~2022년) 통계 자료

공공과 민간 부문의 심각한 설계 용역 대가 차이

수의계약은 국가계약법에 의해 2,000만 원 이하, 여성기업 5,000만 원 이하 용역을 대상으로 한다. 금액 한도 규정은 2006년 이후 20여 년째 지속되어 왔다. 그 사이 물가 및 공사비는 2배 이상 올랐으나 수의계약 한도는 변함이 없다. 이상하지 아니한가? 상황이 이러하니 소규모 공사 혹은 소규모 설계의 경우에도 입찰 혹은 설계 공모가 발주된다. 최근 10년간 설계 공모 발주 건수는 5배 이상 증가하였고, 그중 대부분이 5억 원 미만의 소규모다. 그 대상이 되는 중소업체들은 소모적인 생존 경쟁을 거치며, 그 안에서 온갖 불법과 비리가 난무한다.

너무나 아까운 설계비

한편, 하나의 건축물을 만드는 긴 여정에서 설계는 가장 앞단에 벌어지는 일이다. 발주처의 입장에서 가장 불확

도봉구청사 증축 공사 설계 용역
기본 설계를 공모로 대체하고, 리모델링 설계를 증축 공사 실시 설계 용역으로 편법적 발주하였다

실성이 높은 부분은 투입되는 초기 자본이다. 또한, 공사비는 물리적 결과물로 남게 되는 비용으로 인정하는 반면, 설계비는 아무런 실체 없는 그림값이자 사라지는 인건비로 여긴다.

그래서일까? 대부분의 건축주 혹은 발주처는 설계비에 야박하다. 현재 공공발주사업에 대한 건축사의 업무 범위와 대가 기준이 정해져 있고, 규모에 따라 달라지나 통상 공사비의 5% 내외에서 정해진다. 그러나 민간 건축물의 경우 반값도 아닌 3분의 1도 안 되는 헐값에 거래되는 일이 허다하고, 공공의 경우에도 법적 사각지대를 통해 어떻게든 설계비를 줄이려고 시도한다. 일부

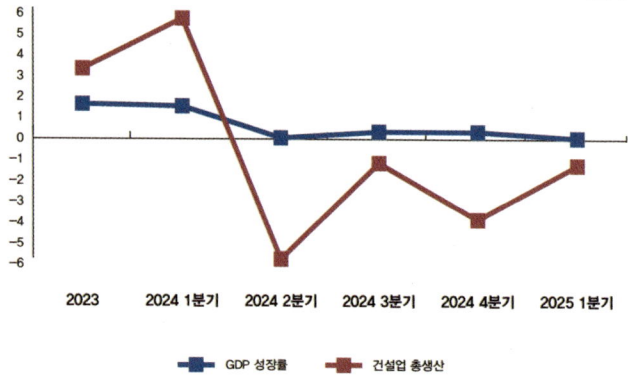

건설 투자 증감률과 경제성장률 추이(출처: 지표누리(국가통계포털))

발주처는 설계 공모 과정을 기본 설계로 대체 삭감하고, 법규상 일반 설계비의 1.5배로 산정해야 하는 리모델링 설계를 증축 공사 실시 설계라는 명목으로 대폭 축소하는 편법도 자행한다.

불신의 건축 시장, 위기의 건설 시장

시장의 불확실성은 대중에게 불안과 불신을 야기한다. 그러니 건축하는 행위는 대단한 용기를 요구한다. 사람들은 자연스럽게 그보다는 마음 편한 아파트에 살고, 아파트에 투자한다. 모든 과정이 공개되고 규격화·상품화된 아파트는 그나마 믿을 수 있다. 전 국민의 60% 이상이 아파트에 거주하는 상황도 이와 무관치 않다.

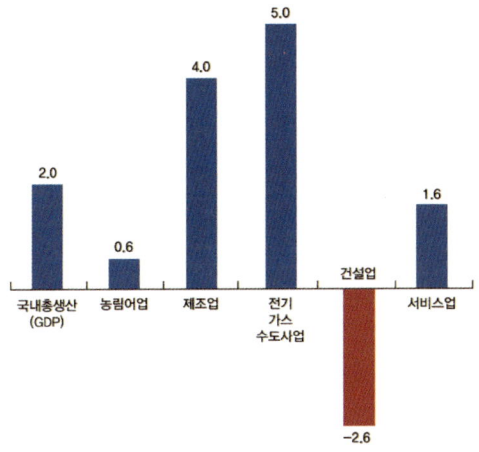

2024년 국내 총생산 및 경제 활동별 성장률(출처: 지표누리(국가통계포털))

　건축은 불신의 시장에서 벌어지는 치열한 전쟁이다. 민간에서는 서로 가격으로 출혈 경쟁을 하고 공공에서는 디자인 경쟁을 넘어 금품·뇌물·로비가 경쟁한다. 건설 시장은 온갖 비리·부정부패·대형 사건사고로 대중의 신뢰를 잃었다. 이로 인해 강화된 규제와 부동산 침체와 치솟은 공사비로 최근 건설 시장은 위기에 내몰렸다. 한때 국가의 경제 발전을 이끌던 잘나가던 건설업은 언젠가부터 후진적이고, 문제 많은 사양 산업으로 비친다. 최근 정치인들의 선거 공약에도 건설 경기 활성화가 사라졌다. 모두 AI·반도체·자동차 등 소위 잘나가는 산업만을 외친다.

그러나 건설업은 국가 기간 산업이다. 의식주 중 하나를 책임지는 필수 경제 분야면서, 여전히 우리 경제를 지탱하는 하나의 큰 축이다. 통계적으로도 건설 경기 활성화 없이 경제가 발전한 적은 단 한 번도 없다. 현재의 국가적 경제 위기를 극복하기 위해서도 위기의 건설업을 먼저 살려야 한다. 문제가 있다면 개선하고 발전시켜야 한다.

신뢰의 회복, 질적인 성장으로
우리 사회는 아직까지 전문가에 대한 신뢰와 존중이 부족하다. 능력과 경험보다 자격과 면허가 우선시되고, 정성적 평가와 그에 따른 차등보다 정량적 평가와 투명성을 내세운 양적 평등이 우선시된다. 건축 분야에서도 마찬가지다. 수의계약·RFQ·RFP·지명 공모 등 경험과 능력, 그리고 전문성을 고려한 선정 과정은 신뢰하지 않고 모든 것을 공모로 경쟁시킨다. 무조건적으로 열린 설계 공모가 능사가 아니다. 공정한 경쟁에도 필요에 따라 세분화되고 다양화된 시장이 필요하다.

앞으로의 건축·건설 시장의 발전은 질적 성장에 달려 있다. 문제과 불신에 의한 엄격한 규제와 감시 혹은 단순한 대규모 투자와 개발만이 답이 아니다. 뛰어난 건축가, 우수한 업체의 경험과 능력에 대한 신뢰와 칭찬, 양질의 건축에 대한 사회적 평가과 존중이 필요하다. 정량적인 공사비·설계비 지표보다 좋은 건축과 훌륭한 건축가를 구분할 줄 알고, 이에 대한 존중과 신뢰가 필요하다. 건축을 국가 기간 산업이자 하나의 문화 산업으로 보다 많은 관심을 두어야 경제도 살아날 수 있다.

친환경 건축의 왜곡

온실가스 배출 증가로 인한 지구온난화는 이미 전 지구적인 문제다. 인류의 생존과도 직결된다. 이러한 기후 위기에 대응하여 전 세계 국가들, 특히 선진국들 주도로 온실가스 감축을 목표로 한 친환경 정책이 앞다퉈 시행되고 있다. 에너지 수입 의존도가 높은 우리나라도 십수 년 전부터 산업 분야별로 신재생 에너지 이용과 온실가스 감축을 위한 노력을 이어가고 있다.

특히 건축물은 경제 분야별 에너지 소비량에 있어 전체의 약 41%가 넘는, 가장 많은 비중을 차지하는 분야다. 건축을 어떻게 하느냐에 따라 건축물의 에너지 소비량이 결정되고, 이는 지구의 온실가스 감축에 지대한 영향을 미친다. 2000년대 이후, 건축계에서도 이러한 문제에 대응한 친환경 건축과 지속가능 건축에 대한 논의가 활발히 이루어져 왔으며, 정책적으로는 각종 인증제도를 통해 건축물의 친환경 기준이 단계적으로 강화되어 가고 있다.

국내외 친환경 건축 인증제도

국내에는 녹색건축인증·에너지효율등급인증·제로에너지건축물인증 등이 있고, 최근 에너지효율등급인증과 제로에너지건축물인증이 통합되어 시행되고 있다. 녹색건축인증은 건축물의 라이프사이클을 대상으로 환경에 미치는 요소를 평가하는 제도이며, 에너지효율등급인증 및 제로에너지건축물인증은 건축물의 에너지 성능 및 신재생 에너지 활용 등을 등급화하여 인증하는 제도다.

친환경에 대한 사회적 인식과 정책적 속도가 국가마다 다르기에 건축에 있어서 친환경 인증제도 역시 국가마다 독자성을 띠고 있다. 미국은 자국 녹색건축위원회(GSGBC)에서 개발한 국제적 녹색건물 인증제, 즉 'LEED(Leadership in Energy and Environmental Design)'라는 제도를 운영하고 있다. 이는 건축물을 용도별로 세분화하여 라이프사이클·설계·시공·운영 등 전 과정에 있어서 친환경적 영향 요소를 평가한다는 점이 특징이

국내 친환경 인증 제도

미국 LEED(좌) / 영국 BREEAM(중) / 일본 CASBEE(우)

다. 현재 국제적으로 가장 영향력 있는 인증제도로 평가받는다. 이 외에도 영국은 BREEAM(Building Research Establishment Environmental Assessment Method), 일본은 CASBEE(Comprehensive Assessment System for Built Environment Efficiency) 등의 인증제도를 운영하고 있다.

친환경 건축 인증제도의 허와 실

전 지구적 환경 문제에 대응해야 하는 우리에게도 친환경 건축 인증제도의 시행은 불가피하다. 현재 공공건축에서는 의무 시행 중인 인증제도들은 점차 기준이 강화되고 있으며, 2030년이면 500m² 이상 건축물, 2050년에는 모든 건축물에 적용될 예정이다.

그러나 현재 국내의 친환경 건축 인증제도는 너무 복잡하다. 녹색건축인증·에너지효율등급인증·제로에너지건축인증 등 친환경이라는 목적은 같지만, 서로 중

복되는 인증을 몇 단계나 거쳐야 한다. 인증 기관·평가 기관도 모두 다르고, 그에 따라 세부 내용과 지표도 다르다. 설계자는 그 기준과 관련 내용을 정확히 알고 설계할 수도 없고, 몇 번을 경험해도 기억하기 힘들다. 설계자는 설계는 설계대로 진행하고, 인증 대행 외주업체가 정량적 지표에 맞추어 절차를 밟는다. 필요하면 인증 대행 외주업체의 계산에 맞추어 태양광 패널 등을 양적으로 더 넣을 뿐이니 진정으로 친환경적인 건축설계가 될 리 만무하다.

친환경 건축에 대한 정책적 강화는 인증제도 의무화를 넘어 정량적 지표의 강화로 이어져 왔다. 공공건축의 신재생 에너지 의무 비율은 2011년 10%에서 2020년 30%, 2030년 40%까지 올라갈 예정이다. 단기간에 시행될 이러한 정량적 지표의 의무적 강화는 정책적 성과를 보여줄 수는 있으나 심각한 부작용을 낳는다.

국내 건축물의 신재생 에너지 활용의 대부분은 태양광 패널(PV·BIPV·BAPV)를 통한 태양광 발전이다. 지열 혹은 연료 전지의 대안이 있으나 공사비 절감을 고려할 때, 현실적으로 선뜻 적용하기가 쉽지 않다. 그러기에 높아진 정량적 지표를 달성하려면 건축물의 지붕 면적 모두를 태양광 패널로 덮어도 30% 달성도 쉽지 않다. 2030년 기준인 40%라면 건물의 가용 가능한 벽면과 지

해당 연도	2020~2021년	2022~2023년	2024~2025년	2026~2027년	2028~2029년	2030년 이후
의무 공급 비율(%)	30	32	34	36	38	40

공공부문 건축물 신재생 에너지 의무 공급 비율(출처: 신에너지 및 재생에너지 개발·이용·보급 촉진법)

상부까지 모두 태양광 패널로 덮어야 한다. 그렇게 되면 우리나라 건축물의 옥외 테라스 공간은 더 이상 존재하지 않는다. 파사드 디자인은 없다. 모두 시꺼먼 태양광 패널로 덮인다.

디자인과 친환경의 모순된 현실

흔히 대중들에게 '친환경 건축물' 하면 외부 테라스에 나무를 풍성하게 심은 건축물 이미지 혹은 마치 식물원처럼 녹지가 조성된 내부 아트리움을 떠올린다. 심지어 자신이 친환경 건축을 하고 있다고 주장하는 건축가들조차도 건물이 친환경적으로 보여지고자 옥상·테라스·외벽에 초록의 조경을 디자인 요소로 넣는다. 또한, 많은 건축가가 자연채광과 환기를 강조하며 내부에는 시원하게 뚫린 아트리움을 친환경 건축 디자인이라고 내세운다.

그러나 높은 수준의 친환경 건축 인증을 받기 위한 조건과 조경 요소, 아트리움은 아무런 관련이 없다. 오히

친환경스럽게 보여지기 위한 디자인 건축물
ACROS Fukuoka, Emilio Ambasz & Associates(좌) /
Jewel Changi Airport, Safdie Architects(우)

려 공사비 증가, 태양광 패널 면적 감소, 에너지 효율 저하로 친환경적으로는 최악의 조건을 유발할 뿐이다. 친환경 지수가 높은 건축물이 되기 위해서는 외부 표면적이 적고, 개방된 창도 적어야 하며, 태양광 패널로 건물 외피를 최대한 많이 덮어야 한다. 내부로는 최소한의 체적을 갖도록 실 단위가 작게 분할되어 답답하고 단조로운 건축물이 되어야 한다. 친환경 건축으로 보이기와 친환경 건축 만들기가 서로 모순되는 안타까운 현실이다.

이러한 현실에서 디자인은 왜곡을 낳는다. 실제 친환경 건물이 아니면서 친환경적으로 포장하기, 그러면서 다시 친환경 건축에 대해 찬양하고 친환경 인증은 강화된다. 한쪽에서는 친환경이 일부 건축물을 위한 위선과 포장이 되고, 다른 한쪽에서는 친환경 지표가 전체 건축물을 대상으로 한 강요가 되고, 제도가 된다.

공공건축의 경우 이러한 모순과 왜곡은 더욱 심하

친환경스럽지 않은 친환경 인증 건축물
아산중앙도서관(상) / Smart22@Building, CGA Architects(하)

다. 거의 모든 공모전에 건축가들은 그들이 설계한 건물이 친환경적으로 보이기 위해 거짓임을 알면서도 옥상 공간에 테라스를 만들고, 나무와 풀이 있는 초록 정원을 그려 넣는다. 학교 설계 교육도 이를 권장한다. 그것을 그리는 건축가도, 심사하는 심사위원도, 교수도, 학생도, 시꺼먼 태양광 패널로 가득 찬 조감도를 원하지 않기 때문이다. 그러나 그렇게 당선된 후 지어진 건축물은 발딛일 틈 없이 태양광 패널로 가득 찬 옥상과 까만 태양광 패널로 뒤덮인 벽면이 되어버리는 현실이다. 알면서 외면하는, 누구 하나 나서서 친환경 건축이 이렇게 가면 안 된다고 주장하지 않는, 비겁하고 모순된 현실이다.

디자인과 친환경의 조화를 향하여

기후 위기 시대를 맞은 건축가의 숙명으로 친환경 건축을 지향해야 한다는 대전제는 피할 수 없다. 그러나 이를 급하게 풀어가고 현실에 적용해 가는 방식에는 분명 문제가 있다. 친환경 건축의 정량적 성과를 얻고자 건축을 포기할 것인가? 근본적으로 친환경 강제보다는 그 혜택에 초점을 둘 필요가 있다. 특히 국내에서 현재 시행하듯 단기간의 가시적 성과를 위한 정량적 지표 강화는 전체 건축 디자인 시장을 왜곡하는 현실을 낳는다. 규제보다는 여러 혜택을 통한 다채로운 건축 속에 친환경 건축이 돋보이게 해야 한다.

또한, 친환경 건축의 지표와 인증제도가 단순화되고, 이에 대한 건축계의 이해와 공감이 필요하다. 지금처럼 많은 지표가 복합적으로 계산되고 여러 기관을 거쳐야 하는 현실에서는 건축가들은 친환경적으로 보이기에만 몰두한다. 추후 과정에서 외주 업체가 계산한 태양광 패널 수치에 맞추기만 한다. 요구자와 시행자의 의도가 서로가 엇나가는 제대로 왜곡된 현실이다. 보여주기식이 아닌 인증을 위한 것이 아닌 진정으로 친환경을 이해하고 적용한 친환경 건축을 보고 싶다. 우리 주변에도 디자인과 친환경이 조화롭게 어울린 건축이 늘어나고 권장되기를 기대한다.

기술의 비전과 허상

건축설계 실무에 컴퓨터가 본격적으로 도입된 게 불과 30여 년 전이다. 그 사이 2D 도면은 완전히 디지털화되었고, 3D 모델링 및 렌더링 프로그램도 보편화되어, 이제는 대부분의 건축사사무소에서 실물 모형 스터디가 없어지고 컴퓨터 3D 모델링만으로 모든 작업이 이뤄진다. 수천 년을 이어 온 건축의 역사를 돌이켜 볼 때, 이러한 건축설계 도구의 변화는 이미 어마어마한 혁신이다. 그럼에도 그 30여 년 사이에도 몇 년에 한 번씩 수많은 기술과 프로그램들이 뜨고 지며 살아남기 위해 서로 경쟁한다. 그들은 항상 자신들의 기술이 새로운 혁신이고, 건축이 이로 인해 변화될 것이고, 변화되어야 한다고 주장한다.

기술과 도구가 지배하는 건축

건축은 역사적으로 기술과 도구의 지배를 받아 왔다. 산업혁명 시기의 건축은 주로 건설 기술과 건축 재료의 비약적 발전에 그 변화가 촉진되었다. 비행기·배·자동차 등 산업 전반의 기술적 변화는 건축의 패러다임을

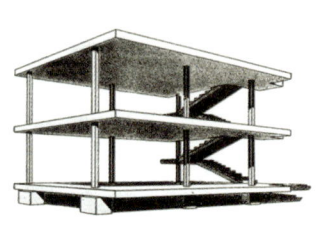 

20세기 초 르 코르뷔지에의 돔이노 시스템(좌) / 21세기 초 모포시스의 코오롱 본사(우)

변화시켰다. 르 코르뷔지에는 1923년 『건축을 향하여』를 통해 새로운 산업 사회에 걸맞게 건축도 바뀌어야 함을 주장하며 모더니즘 건축을 정의했다.

 그로부터 20세기 내내 수많은 시도가 있었으나 전 세계 건축은 모더니즘의 굴레에서 크게 벗어나지 못한 채 지내 왔다. 그러나 지난 세기말, 건축의 디지털화가 시작되고, 제4차 산업혁명으로 인해 모든 산업이 요동치면서 건축에도 근본적 변화가 촉발되었다. 건축에 있어서 더 이상 형태가 기능을 따르지 않고, 빛과 공간이 중요한 관심사는 아니게 되었다. 디지털화된 설계 과정은 형태와 외피 중심의 새로운 디자인 결과물을 만들어내고, 미디어를 사용한 표현 방식은 간접 체험 중심의 새로운 디자인 콘텐츠를 만들어내고 있다.

기술의 비약적 발전

그러나 기술의 발전 속도는 이 정도 건축의 변화로는 성에 차지 않는 모양이다. 20여 년 전 시작된 BIM(Building Information Modeling)은 아직도 스마트 건설을 표방하며 건축 산업 전반에 자신이 활용되기를 기대한다. 구조·설비뿐만 아니라 벽체·문·창문 등 모든 건축적 요소들을 객체화하여 이를 기본 설계부터 실시 설계, 공사 단계까지 일원화하여 적용한다. 즉 건축설계의 모든 과정을 변화시키려 한다.

한편, 10여 년 전부터는 XR·VR·AR·메타버스 등 가상현실 관련 시장도 생기기 시작하였다. 이들은 단순한 건축 시뮬레이션을 넘어 실제 공간에 들어가 있는 듯한 디지털 간접 체험을 건축에 적용하고자 한다. 메타버스는 건축을 넘어 도시공간 전체를 하나의 가상 현실로 만들고자 시도한다. 급속도로 발전하는 3D 프린팅 기술은 이러한 가상 세계와 현실 세계를 연계하며 장밋빛 환상을 심어준다. 최근에는 AI 기술이 뜨니, AI가 건축가를 대체해 줄 수 있는지에 대한 논의도 등장하였다.

건축을 둘러싼 소프트웨어 시장

건축설계 실무를 진행함에 있어 필요한 필수 소프트웨어는 크게 4가지로 구분된다. 첫째로 도면을 그리기 위

최근 거의 모든 설계사무소에서 필수적으로 활용하는 소프트웨어

한 캐드, 둘째로 디자인을 하기 위한 3D 모델링, 셋째로 이를 표현하기 위한 3D 렌더링, 마지막으로 이들을 편집하고 다듬기 위한 그래픽 프로그램이다. 이들 프로그램은 회사의 규모와 관계없이 동시대 건축설계를 진행할 때, 반드시 활용하는 소프트웨어들이다.

지난 20여 년간 건축설계에 필수화된 이러한 소프트웨어 시장은 기하급수적으로 성장해 왔다. 20여 년 전이나 지금이나 설계비는 크게 변동이 없고, 건축 서비스 산업 전체의 매출도 국내 경제 성장률을 고려하면 크게 달라지지는 않았으나, 관련 소프트웨어 산업은 국내외적으로 매해 20% 이상 급성장하였고, 향후 10년 내 2배 이상 증가할 것으로 예상된다.

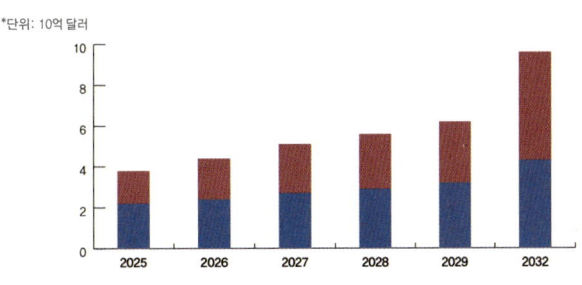

건축설계 소프트웨어 시장 전망(출처: Global Market Insights)

 이러한 소프트웨어 개발사들은 고객층인 건축가·건축 회사를 상대로 어머어마한 수익을 거두어 들인다. 한 카피당 적게는 수십만 원, 많게는 수백만 원을 호가한다. 수년 전부터는 지속적인 수익을 뽑기 위해 '연 구독' 방식으로 바꾸어 그들의 매출을 정례화시킨다. IT 기술의 향상으로 불법 소프트웨어는 더 이상 쓰기 어려운 환경이 되었다. 건축가들은 필수화된 그들의 도구를 볼모로 잡혀 소프트웨어 회사에 고정 비용을 내며 일한다. 소프트웨어 개발사들의 성장은 결국 고스란히 건축가들의 추가적인 부담이기에 건축가로서 그들의 성장이 마냥 즐거울 리 없다.

 더 심각한 문제는 이들 시장이 독과점되어 있다는 점이다. 그래픽 도구로 전 세계 시장을 독점하고 있는 어도비(Adobe)는 말할 것도 없고, 건축 도면을 위한 프로그램은 오토데스크(Autodesk)에 지배당하고 있다. 그것도 한 카피당 연간 수백만 원이 드는 비싼 구독료를 내야 하는데, 국내에서는 80~90%의 시장 점유율로 사실상 독점하고 있다. BIM 관련 시장 또한 마찬가지다. 오토데스크사의 프로그램인 Revit이 시장을 대부분 독과점하고 있고, 이들이 후원하는 단체들과 업체에서는 모든 건축설계에 BIM이 쓰여야 한다고 목소리를 높인다.

독점적 도구에 지배당하는 건축

분명 BIM이 표준화 및 자동화된 설계로 설계와 시공 전반의 효율성을 높여주는 장점도 있다. 그러나 디자인적 측면에서 유연성을 해치는 면이 있다. 특히 상상력과 창의성이 요구되는 디자인 과정에서 BIM과 같이 업무의 효율성과 경제성을 우선시하는 도구의 사용은 자유로운 디자인을 제약하기 때문이다.

경제적 측면에서 소규모 건축설계 사무소와 영세 협력업체가 많은 국내 건축계에 한 카피에 수백만 원의 구독료가 드는 BIM 소프트웨어와 BIM 전문 인력은 현실적이지 않다. 주로 자금 여유가 있는 대형 프로젝트와 이러한 프로젝트를 수주하는 대형 설계사무소에서는 가능할 수 있으나, 소규모 회사가 주를 이루는 국내 건축계에 값비싼 특정 소프트웨어가 추가적으로 필수화된다는 것은 너무나 큰 부담이다.

    사회적 측면에서도 특정 회사 및 소프트웨어의 일원화·표준화는 장기적으로 바람직하지 않다. 당장 업무 효율성을 높여줄 수는 있으나, 어느 순간 특정 도구에 의존하게 만든다. 창의성을 잃은 디자인은 소프트웨어 글로벌 대기업의 배만 불려줄 뿐이고, 그들의 가격 인상에 따라갈수록 비용 부담만 늘고, 디자인 경쟁력은 장기적으로 약화될 것이다.

기술 중심이 아닌 기술 콘텐츠 중심의 건축

나 역시 디지털화된 건축계에서 건축을 배우고, 익힌 디지털 세대의 건축가다. 동시에 기술과 도구의 변화에 따라 요즈음 건축도 함께 변화해야 한다고 주장하는 사람 중 하나다. 또한, 새로운 기술 변화에 관심을 두고, 이 기술이 어떻게 건축에 적용될 수 있을까 고민하는 건축가이기도 하다. 그러나 기술 자체가 중심이 되는 건축에 대해서는 부정적일 수밖에 없다.

    1990년대 말에서 2000년 대 초에 PDA(Personal Digital Assistant)라는 기술이 있었다. 전화 기능은 물론 문자·터치스크린·메모·일정·연락처 등 당시 컴퓨터의 모든 기능을 담은 자그마한 장치로 한때 유행하였다. 그러나 널리 쓰이지 못하고 사장되었다. 몇 년 후, 스티브 잡스는 아이폰을 공개하며 '스마트폰'이라는 개념을 선보였다. 기술적으로 PDA와 거의 유사하지만, 잡스는 스마트폰을 통해 무엇을 할 수 있는지, 즉 새로운 삶의 방식을 제안했고, 전 세계인의 일상을 바꾸었다.

BIM·메타버스·XR·AI 등 건축을 둘러싸고 유행하는 기술은 너무나 많다. 너도나도 자신들의 기술이 건축계 전반을 바꾸고 독과점하기를, 소위 대박나기를 기대한다. 그러나 건축설계 업계의 근본적 성장이 없는 한, 지금처럼 소규모 업체끼리 출혈 경쟁하고 있는 한, 건축설계 문화와 자체 패러다임이 바뀌지 않는 한, 잠깐 반짝하고 사라질 기술일 뿐이다. 기술은 비전과 이상을 보여줄 뿐 세상을 바꾸지 못한다. 결국 세상을 바꾸는 건 '기술'이 아닌 기술을 활용한 '문화'이기 때문이다.

창의적 디자인을 위한 추상

1990년대 건축계에는 소위 '해체주의'라 불리는 새로운 건축적 시도와 이를 설명해 주는 철학 이론이 유행하였다. 특히 들뢰즈의 이론과 저서는 건축에 빠진 건축학과 학생들이라면 누구나 한 번쯤 들여다보고 고민에 빠지게 했다. 피터 아이젠만·렘 콜하스·자하 하디드·세지마 카즈요 등 해외 유명 건축가들의 작가주의 건축이 당시에는 새로운 유형의 추상적 건축이었고, 이러한 건축을 이해하려면 들뢰즈 정도의 철학자는 알아야 했다. 당시 나도 들뢰즈·푸코와 같은 철학자들의 책을 읽고 형이상학적 고민에 빠졌고, 건축에 있어서 추상적 형태와 공간을 표현하기 위해서는 대단한 철학적 의미를 알아야 한다고 생각하였다.

그러나 당시 국내 학교에서는 아무도 추상에 대해 가르쳐주지 않았다. 무언가 추상적인 이론이 근간이 되어 그러한 설계가 나오는 것 같기는 하나, 이를 위해 독학한 들뢰즈의 철학은 현학적 표현이 난무하고 어렵기만 하였다. 고민에 빠지고 생각이 많아질수록 이를 어떻게 표현해야 하는지는 미궁에 빠지기만 했다. 결국 추상

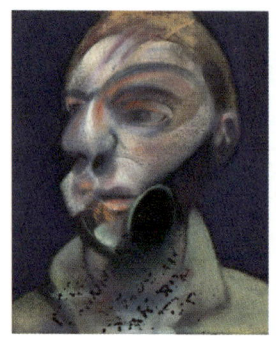 

형태와 윤곽을 왜곡한 회화 〈Self-portrait〉, Francis Bacon(좌) /
이와 연관된 해체주의적 시도가 구현된 Seattle Public Library, OMA(우)

은 유명한 건축가나 할 수 있는 심오한 것이고, 그러한 건축가는 철학적 이론까지 겸비한 대단한 위인으로 보여지며 학문적 갈증과 신비감만 더 커지게 되었다.

추상의 실제

추상이 무엇일까? 일단 추상을 이해하기 위한 전제가 있다. 첫째, 추상은 지극히 주관적인 자기표현의 하나라는 점이다. 정답이 있는 것도 아니고, 정답을 추구해 갈 까닭도 없다. 단지 자기 이야기를 자신 있게 표현할 수 있어야 하고, 보는 이도 다양성을 존중하고 개성 있는 이야기를 흥미롭게 보고 감상할 수 있어야 한다.

둘째, 추상은 '이론'에서 나오는 게 아니라 '경험'에서 나온다는 점이다. 디자이너 입장에서 추상적 디자인의 과정은 철학이든 이론이든 책에서 공부해서 나오는 무언가가 아니다. 디자이너 본인이 살아온 삶의 경험 속에서 자연스럽게 묻어 나오는 것이 추상이고, 디자인이다. 훌륭한 학자가 훌륭한 디자이너가 되지는 않는다. 철학자는 디자인을 비평하고 이론화하지만, 디자이너는 이론을 공부해서 디자인하지 않는다.

셋째, 추상은 '이해'의 영역이 아닌 '감성'의 영역이라는 점이다. 흔히 우리는 추상적인 표현을 위해 자꾸 상징적이고 비유적인 표현을 한다. 초보 디자이너들은 '이것은 무엇을 의미하고 저것은 무엇을 의미한다'라는 식으로 비유적 표현을 하고, 자신이 만든 스토리를 만들어 설명하려 한다. 그러나 누군가에게 이해 혹은 설득시키려 하는 단계를 벗어나지 않는 한 자유로운 추상적 표현을 하기는 어렵다.

내가 외국에서 건축을 공부할 당시 가장 큰 충격과 어려움 중 하나가 '추상'이었다. 물질과 재료의 속성 발견, 대상에 대한 주관적 스토리텔링, 내적인 외적인 힘에 의한 변형과 왜곡, 보이지 않는 것들에 대한 시각화 작업 등을 통해 건축의 추상적 표현이 교육되었다. 어린 시절부터 자기표현 기회가 적고, 수동적 입시 교육 속에 자라온 우리에게 이러한 과정은 매우 낯설고, 친숙하지 않다. 현재 나의 수업에서 학생들도 이 부분에 있어 가장 큰

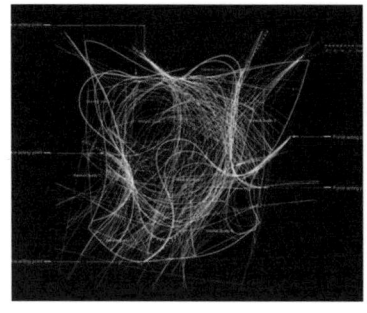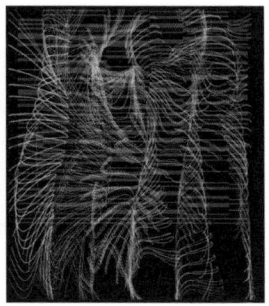

학생들의 자유로운 기하학적 드로잉 습작

어려움을 겪는다.

건축에서 추상은 건축가의 창의적인 디자인과 표현을 만드는 근본이다. 그 대상은 무궁무진하다. 보이지 않는 무엇이든 될 수 있다. 프로그램과 동선, 중력과 지형, 밀도와 방향, 재료와 구축 등 건축을 둘러싼 다양한 내재적 요소들은 건축가에게 많은 영감을 준다. 뛰어난 건축가는 이러한 보이지 않는 요소들을 추상화의 과정을 통해 감성적·직관적으로 소통할 수 있도록 창의적으로 시각화하고 공간화한다.

이러한 추상화 과정은 대상에 대한 깊이 있는 관찰과 해석, 풍부한 상상과 창의적 표현이 요구된다. 그리고 끊임없는 실험적 시도와 실패를 통한 학습의 과정 등 많은 시간과 노력이 수반된다. 또한, 실시간 전 세계와 공유되는 동시대 건축에서는, 특히 과거 유사 사례에 대한

 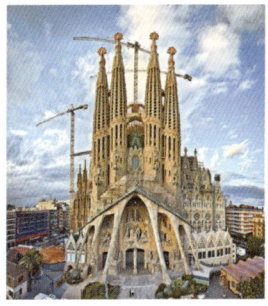

중력을 표현한 가우디의 디자인(좌) / 이를 이용한 성가족성당(우)

충분한 리서치와 차별화를 위한 전략적 고민도 필요로 한다. 동서고금을 막론하고 독창성을 지닌 창의적 디자인은 결코 쉽게 만들어지지 않는다.

추상 없는 건축

이러한 건축의 추상적 표현의 과정에 대해 우리는 너무 무지하다. 우리의 건축 교육도 지금은 많이 개선되었으나 아직도 많이 부족한 실정이다. 논리적이고 설득적인 건축, 합리성과 당위성만이 중시되는 건축에서는 창의적 결과물이 나올 수가 없다. 교육과 실무에서는 '사이트'가 가장 중시된다. 사이트의 조건이 건축을 결정한다. '주변과의 조화'는 대부분 공모전의 가장 중요한 평가 기준이다. 사이트 없는 건축, 백지에 그리는 건축은 학생들과 건축가들을 적잖이 당황하게 한다.

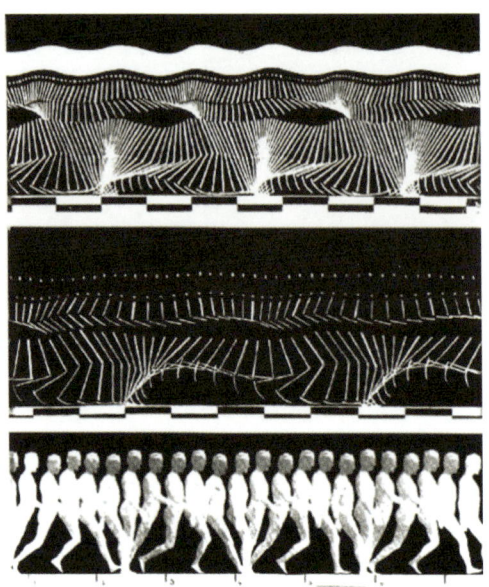

움직임을 추상화한 모션 아트

추상화한 움직임을 건축에 응용한 사례
Dunescape, Shop Architects

프로그램과 동선은 합리성과 효율성만이 부각된다. 현실 문제를 해결해 주는 계획적 역할이 우선시된다. '왜'라는 질문에 답할 수 없는 추상적 결과물은 선뜻 용납되지 못한다. 학생들의 졸업 설계는 복잡한 도시 현실 속 문제 해결의 장이 되어 버린다. 이러한 건축은 실무 건축으로 연장된다. 젊은 건축가들이 참여하는 많은 작은 공모전들은 참신한 건축적 표현의 장이기보다 팍팍한 현실 내 문제를 누가 잘 풀어내느냐의 계획적 싸움이 된다. 외국 건축가들의 비싼 건축물 이외에는 창의적 건축물, 작가적 건축물이 나오기 힘든 국내 건축계의 현실도 이와 무관하지 않다.

이는 비단 건축가들만의 문제가 아니다. 우리 사회가 그러한 추상의 과정을 잘 받아들이지 못하는 것이 현실이다. 이전보다는 나아졌으나 여전히 우리 사회가 태생적으로 자기표현에 약하고, 개성과 창의성보다는 효율성과 합리성을 더 중시하기에 안타까운 마음이 든다.

비어 있는 짜깁기 디자인

혹자는 이제 국내에도 다양한 디자인이 많다고 한다. 최근 서울 도심에 내외부를 화려하고 다양하게 치장한 건축물들이 너무나 많다. 학생들의 디자인 결과물도 이전에 비해 기술적·시각적으로 화려하고 풍성해진 면이 있

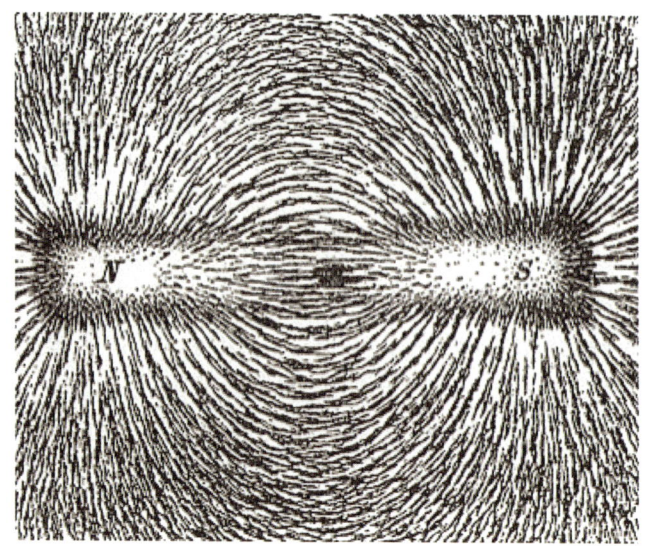

자기장이 만들어낸 필드의 밀도와 흐름

밀도와 흐름이 표현된 건축물
Hoenheim-Nord Terminus and Car Park, Zaha Hadid

다. 공모전의 많은 결과물도 화려한 형태와 멋들어진 공간으로 표현된다. 그러나 한편으로는 어디선가 본 듯한 디자인이 너무 많다. 근본적인 추상의 과정은 생략되고, 결과물은 유행에 맞추어 세련되고 화려해졌다.

불과 20여 년 사이, 우리 건축 시장은 세계적 디자인 흐름과 긴밀하게 연결되었다. 지구 반대편의 디자인은 즉각적으로, 실시간으로 공유된다. 하루에도 수십 개씩 최신 프로젝트가 발표되고 온라인을 통해 공유된다. 그러다 보니 어디선가 본 공간·외관이 번져 나가고, 건축 디자인도 자연스럽게 상향 평준화되는 듯하다. 화려해 보이나, 그러나 무언가 비어 있는 디자인이다. 독창성·창의성은 단순한 짜깁기에서 나오지 않는다.

건축가의 추상, 건축 교육의 추상

건축에는 '디자인' 이외에도 경제성·합리성·효율성 등 고려해야 할 요소가 많다. 건축가들은 실무를 하면서 경제성 등의 이유로 디자인을 일부 포기해야 할 때를 수없이 겪는다. 하지만 어떠한 경우라도 '아름다움' 혹은 '디자인'에 대한 갈증은 타협의 대상이 되어서는 안 된다. 이는 건축가의 가장 기본적인 존재 이유가 되어야 한다. 건축의 외재적 요소, 즉 주어진 사이트와 현실 문제의 해결에만 집중하고, 유행 요소를 짜깁기하는 건축 디자인은 지양되어야 한다.

    건축 교육에서 추상은 더 강조되어야 한다. 대상의 속성과 보이지 않는 요소에 대한 관찰과 표현, 이러한 내재적 요소에서 출발한 추상화 과정을 키우기 위한 집중적인 교육과 훈련이 필요하다. 건축학도 스스로가 개성이 담긴 창의적 아이디어 내놓고, 주관적 표현을 할 수 있도록 도와야 한다. 화려한 투시도와 깔끔한 다이어그램으로 꾸며진 결과물보다 주제에 대한 순수한 몰입과 그 과정이 드러난 미완성의 스터디 작업이 더 주목받아야 한다.

전략적 디자인을 위한 인지

건축은 소통을 기본으로 한다. 건물을 원하는 건축주, 건물을 짓는 시공자, 건물을 접하는 대중들과 소통한다. 건축가의 모든 행위는 소통을 위한 과정이고, 건축가의 모든 결과물은 그 수단이라고 할 수 있다. 이러한 건축가의 소통 수단, 즉 건축의 미디어적 기능에 대해 앞선 장에서 도면·다이어그램·모형·동영상 등 다양한 시각적 표현 매체를 언급하였다.

추상과 인지, 소통의 원리

더 근본적인 소통의 원리로 들어가 보자. 소통은 기본적으로 표현자와 수용자의 입장으로 나누어 볼 수 있다. 표현자는 기본적으로 특정한 의도나 생각을 상대가 공감하고, 이해하고, 설득하려 한다. 시공자에게 전달되는 공사 도면은 사실 전달을 목적으로 묘사되지만, 건축주나 대중에게는 필요에 따라 개념적이고 감성적인 전달이 목적이기에 추상적으로 표현한다. 건축은 때로는 사실 그대로를 담아낸 뉴스처럼 설명문으로, 때로는 시나 소설과 같이 감성적으로 전달하는 수단이다.

수용자는 반대로 표현의 결과물을 받아들이는 입장으로 표현자의 의도를 정확히 받아들이기도 하고, 때로는 왜곡하여 해석하기도 한다. 여기서의 왜곡은 잘못된 전달 혹은 해석의 오류를 의미하지 않는다. 특히 추상화 디자인에 있어서의 소통은 단순히 사실 전달에 그 목적을 두지 않는다. 이러한 경우 표현자는 특정한 시각적 왜곡을 의도하기도 하고, 더 나아가 여러 가지 의미로 해석되기를 기대하기도 한다. 이렇듯 우리가 디자인을 해석하는 과정은 '인지(Perception)'에서 나온다.

앞서 '추상(Abstraction)'이 자유로운 '표현의 과정'을 의미한다고 한다면 '인지'는 그 결과물의 자유로운 해석, 즉 자유로운 '수용 과정'을 의미한다. 추상이 표현하는 자의 영역이라면 인지는 이를 수용하는 자의 영역이다. 건축은 다른 많은 시각예술과 마찬가지로 작가의 표현과 수용자의 인지가 일치하지 않는다. 오히려 건축의 결과물은 도시의 일부로 많은 대중에게 상시 노출되고 장기간 영향을 주기에 다른 어떠한 시각예술보다 사람들이 작품을 어떻게 받아들일지에 대한 고민, 즉 '인지'의 영역이 매우 중요하다.

시각적 왜곡

인지란 무엇일까? 먼저 우리 눈이 보는 세상이 사실이 아니라는 것에 대한 이해에서 시작한다. 쉽게는 우리가 흔히 접하게 되는 시각적 왜곡(Optical Illusion) 효과가 있다. 아래의 이미지에서 왼쪽 이미지는 모래시계로 보이기도 하고, 두 사람의 얼굴로 보이기도 한다. 오른쪽 이미지는 노파의 옆모습으로 보이기도 하고, 아가씨의 뒷모습으로 보이기도 한다.

형태적 왜곡뿐 아니라 우리의 눈은 크기와 직진성마저 객관적으로 판단하지 못한다. 이어지는 뒤 페이지의 왼쪽 예시를 보면 주황색 원의 크기는 그림마다 달리 보인다. 오른쪽 예시에서 우리 눈은 반듯한 그리드 라인을 뒤틀리게 인지한다. 남의 떡이 커 보인다는 속담은 사실이다. 우리 눈은 있는 그대로의 사실을 보지 못한다.

시각적 왜곡의 예시

시각적 왜곡의 다른 예시들

모아레 효과가 적용된 건축 프로젝트 사례들
New Museum, Reiser+Umemoto(상) / Louis Vuitton glass decoration(하)

건축가들은 이러한 시각적 왜곡 효과를 디자인에 적절히 활용한다. 그중 하나로 모아레 효과(Moire Effect)를 들 수 있다. 이는 일정한 간격으로 배치된 2개 이상의 패턴이 겹쳐 하나의 새로운 패턴을 만들어내는 현상이다. 이러한 패턴이 입체화되면서, 감상자의 시각에 따라 움직임에 따라 달라져 보이기도 한다. 내외장 디자인이 중요해진 요즈음 건축에 있어 이러한 시각적 왜곡 효과는 매우 중요하다.

투시도의 왜곡

우리가 눈으로 보는 세상은 투시도의 세상이다. 가까운 것은 크고 먼 것은 작게 표현하는 투시도는 우리에게는 너무 익숙하고, 그렇지 않은 표현보다 더 사실적이라 느끼게 한다. 그러나 인간의 눈은 사실을 있는 그대로 보지 못한다. 투시도 또한 렌즈의 각도·거리·위치에 따라 자유롭게 왜곡되는 표현의 일부일 뿐이다.

아나모포시스(Anamorphosis)는 투시도를 반대의 개념으로 활용한 예술적 효과다. 하나의 소실점으로 광각이 모이는 투시도의 원리를 반대로 적용하여 그 반대의 세상이 현실로 나왔을 경우를 표현하는 원리다. 이 효과는 시공간을 다루는 건축 공간과 예술작품에 흔히 등장하는 개념이 되었다.

아나모포시스 효과의 다양한 사례들

반사의 확장

반사(Reflection)는 우리의 시공간적 인지를 자극하는 또 다른 중요 개념이다. 반사는 빛과 투영하는 사물, 그리고 우리의 눈이 만드는 새로운 세상이다. 반사를 통해 우리는 또 다른 세상을 경험하고, 무한히 확장된 세상을 보게 된다. 예술가·디자이너에게 반사는 무수히 많은 영감을 준다.

반사 개념은 건축으로 넘어오면서 다양한 재료와 환경과 만나 더 극대화된다. 주변 자연을 반사하면서 스스로 사라지기도 하고, 돌·금속 등 반사 재질을 활용하여 감성적 의미를 담은 작품을 만들기도 한다. 더 나아가 건물 주변에 은은하게 물을 깔고 반사하여 작품의 수직적 이미지를 증폭시키기도 한다.

반사 효과의 건축적 적용
Reflection House(좌) / Vietnam Memorial(중) / Bangladesh Parliament(우)

미로의 함정

인간의 인지가 갖는 또 다른 큰 맹점은 전체를 보지 못한다는 것이다. 언제나 부분만을 보고 느낀다는 사실이고, 이를 극단적으로 잘 표현하는 것이 미로(Labyrinth) 효과다. 미로는 전체를 보지 못하기에 생기는 공간이다. 미로는 미로에 들어가서 길을 잃어야 미로일 뿐 위에서 전체를 보면 이는 더 이상 미로가 아니다.

이러한 공간 효과는 건축가들의 건축적 개념의 단골 주제이기도 하다. 미술관과 쇼핑몰과 같은 곳에서는 사람들이 방향감을 상실하도록 미로 효과를 의도하여

미로 콘셉트를 활용한 도서관 설계
Musashino Art University Museym & Library, Sou Fujimoto

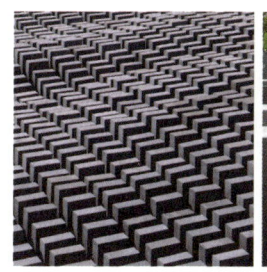  

단순 매스의 반복과 깊이 차이로 미로의 공간 개념을 활용
Berlin Holocaust Memorial, Peter Eisenman

공간을 설계하기도 한다. 기념관 혹은 전시관을 설계할 때 건축가들은 때로는 미로 효과를 활용하여 시공간적 자극을 주어 의도한 공간적 경험을 주려 한다.

단조로운 1차원적 디자인

학교에서 가르치다 보면 대부분의 경우 학생들은 자기가 원하는 것을 표현하는 데 집중한다. 정작 그것이 다른 사람들에게 어떻게 받아들여질지는 크게 고민하지 않는다. 그러나 디자인에는 전략적 접근이 중요하며, 당연히 이에 대한 교육과 훈련이 필요하다. 실무도 마찬가지다. 많은 건축가는 건축주 혹은 심사위원의 취향을 고려하여 그에 맞춘 디자인을 만들어내고자 하나, 사용자의 차원에서 그 공간이 어떻게 인식되고 경험될지에 대한 섬세한 고민과 세밀한 전략은 여러모로 부족한 경우가 많다.

 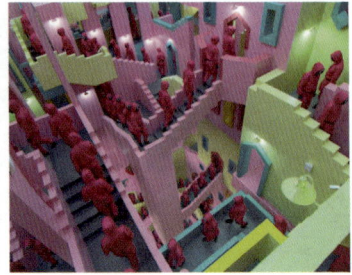

공간의 인지성과 상대성을 표현한 두 공간
Relativity, M.C. Escher(좌) / '오징어 게임'의 계단 세트장(우)

그러한 건축은 단조로운 일차원적 디자인이 된다. 아무리 형태적으로, 기술적으로 화려해도 있는 그대로 읽히는 디자인은 재미가 없다. 기능적으로 합리적이고, 심미적으로 아름답게 보일 수는 있으나 우리의 호기심과 상상력을 자극하지 못한다. 친근함과 익숙함을 주지만, 새로움과 신선함을 주지는 못한다.

스마트한 건축을 향하여

흔히 뛰어난 예술가들의 작품을 보면 '인지'의 방식을 잘 활용한다. 작가가 원하는 것을 표현하는 듯하지만, 궁극적으로는 그것이 어떻게 보여질지를 치밀하게 고민하여 표현한다. 건축도 마찬가지다. 모든 디자인은 인지에 대한 고민에서 출발해야 한다. 대상을 그 누구보다 다각도로 넓게 바라보며 때로는 예상된 결론을, 때로는 반전의 매력을 제공할 줄 알아야 한다. 스마트한 디자이너는 이러한 인지의 과정을 이해하고, 이를 전략적으로 이용할 줄 안다.

    나도 디자이너로서 명쾌한 디자인을 좋아하지 않는다. '~인 듯한' 디자인을 선호한다. 하나의 디자인이 하나로만 해석되기보다 보는 이마다 다른 의미와 영감을 받기를 의도한다. 전략적 디자인, 스마트한 디자인은 1+1을 2가 아닌 3 또는 4로 만들 수 있다. 이를 통해 디자인은 합리성과 효율성을 넘어 새로운 부가 가치를 창출하는 중요한 역할을 할 수 있다.

매체는 끊임없이 변화한다

제도판 위에 칼판을 놓고 밤새 스터디 모형을 만들고, 로트링 펜으로 트레싱지에 도면을 그리던 시절이 있었다. 유명 건축가들의 두꺼운 작품집을 쌓아 놓고 건축을 고민하던 시절이었다. 그 시절 나는 대학교 졸업학기 즈음 처음으로 '캐드(CAD)'를 활용해 도면을 그렸고, 졸업 후 몇 년이 지나 '스케치업(SketchUp)'이라는 3차원 프로그램 이야기를 처음 들었다. 불과 20여 년 전 이야기다.

 요즈음 건축학과 학생들의 책상은 깨끗하다. 스터디 모형 하나, 작품집 한 권을 찾아보기 힘들다. 랩톱 앞에 앉아 건축 웹진이나 포털 사이트를 통해 이미지에 기반한 리서치를 하고, 3D 프로그램과 실시간 렌더링을 통해 디자인 스터디를 진행한다. AI와 이야기하며 개념을 정리하고, SNS를 통해 즉각적으로 소통하며 이미지와 동영상 위주의 발표 자료를 만들어 간다. 이러한 변화를 단순히 도구의 변화로 볼 수 있을까?

건축은 미디엄이다

건축설계는 건축물을 상상하고 구체화하고, 그 계획으로 누군가를 설득하며, 직접 시공할 누군가에게 효과적으로 전달하는 과정이다. 즉 건축설계는 직접 건물을 만드는 것이 아닌 계획·전달·소통하는 일이다. 이러한 관점에서 건축설계 행위는 그 자체가 미디엄(Medium)의 창작 행위다. 건축가가 만드는 미디엄은 다양하다. 모형·도면·다이어그램·투시도·동영상 등 전달 매체를 통해 상상하고 계획한 건축물의 모습을 전달한다.

따라서 매체의 변화는 곧 건축설계 행위의 변화다. 자료의 양, 변화의 속도, 소통의 방식, 더 나아가 사고 체계까지 변화하였다. 건축은 보다 즉흥적이고 유행적이고 이미지화되었다. 하나에 대한 깊은 사유와 완성도 높은 디자인보다 얕지만 '다양한 아이디어'와 새로운 매체를 통해 '보이는 디자인'으로 변화하였다. 단순히 건축의 표현 매체가 달라진 게 아니라 건축 자체가 달라졌다.

설명하고 포장하는 다이어그램

스케치와 다이어그램은 가장 기본적인 건축의 표현 도구다. 주로 건축주와 대중을 설득하기 위한 매체로 감각적 혹은 논리적으로 표현된다. 그중 스케치는 건축가의 가장 전통적인 표현 매체로 건축가는 건축적 아이디어

개념을 표현하는 스케치
난징 사방 미술관, Steven Holl

를 함축적으로 표현해 왔다. 그러나 이제 건축가의 스케치는 갈수록 보기 어려워진다. 이를 대체하는 매체로써 다이어그램은 최근 건축에서 두드러지게 나타난다.

철학자 들뢰즈가 다이어그램을 '추상적인 기계(Abstract Machine)'라고 했듯 다이어그램은 한때 건축적 요소들의 내재적인 속성을 보여 주는 표현 방식으로 많은 건축가에게 영감을 주었다. 특히 건축이 디지털화·대중화되면서 다이어그램은 건축가들의 주된 표현 수단이 되었다. 그러나 다이어그램을 위한 기술적 작업이 쉽고 빠르게 가능해지고, 그 결과물도 실시간 공유되면서 별 의미없는 다이어그램들이 과도하게 양산되고 어디서 본 듯한 개성없는 표현이 남발되는 경향이 있다. 다이어

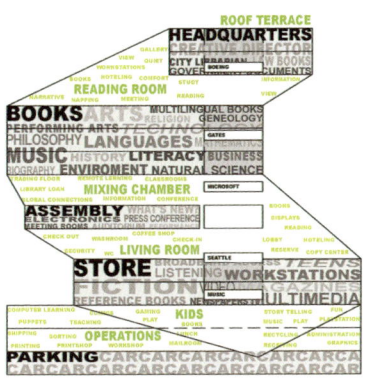

다이어그램을 공간화하는 건축
시애틀 도서관, Rem Koolhaas

그램이 건축 개념에 대한 추상적 표현 혹은 전달 매체가 되기보다, 같은 내용을 두세 번 설명하고 결과물을 예쁘게 포장하기 위한 프레젠테이션 작업이 되어가고 있다.

시대에 따라 변화하는 도면
도면은 '청사진'이란 의미로 대표되듯 건축 계획을 보다 사실적으로 전달하고 실현하기 위해 반드시 필요한 매체. 특히 평면 공간의 프로그램과 동선·규모·치수를 있는 그대로 전달한다. 또한, 누군가를 설득하기 위한 객관적 근거이자 실제로 만들기 위한 기초 자료다. 따라서 도면은 건축주·설계자·시공자 모두에게 가장 중요한 매체다.

2차원적 도면에 기반한 디자인
파리 노트르담 대성당

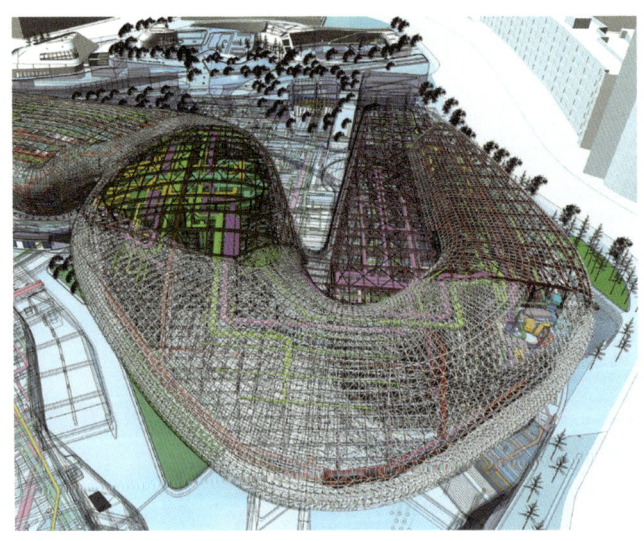

3차원적 도면에 기반한 디자인
DDP, Zaha Hadid

도면을 그리는 방식도 시대에 따라 달라진다. 수치 같은 객관적인 정보를 전달한다는 의미는 같지만, 2차원 표현에 익숙했던 과거와 3차원 표현에 익숙한 현재의 건축 도면은 다르다. 입면도에 의존하던 시대에는 건물 파사드의 평면적인 장식이나 황금비 등 기하학적 비율에 근거한 비례감이 중요하게 여겨졌다. 그러나 3차원이 더 익숙한 요즈음 디자인에서 단면과 입면의 의미는 줄어들었다.

갈 곳을 잃은 모형

모형은 모더니즘 건축에서 가장 중요한 매체였다. 모더니즘 건축물과 공간에는 입체감 표현이 중요했기 때문이다. 그래서 모더니즘 건축가들은 각각 필요에 따라 스케일이 다른 모형을 만들고, 그 모형을 들여다보며 실제 공간을 상상하고 계획하였다. 근대까지 전형적인 설계사무소 풍경은 책상 위에 잘 만들어진 모형이 전시된 모습이었다.

그러나 건축이 점차 디지털화되며 모형이 지닌 가치에도 변화가 생겼다. 대부분 디자인 작업이 3차원 디지털 프로그램으로 진행되어 모형보다 대상 공간을 훨씬 잘 전달할 수 있게 되었다. 다양한 재료와 여러 표현이 들어가는 입면과 실내 공간을 순백의 모형으로만 표현하기엔 한계가 있다. 레이저 커팅·3D 프린팅 등으로 손쉽게 모형을 만들어낼 수 있게 되자 종이·자·커터 칼과 접착제로 만들던 전통적인 모형은 점차 설 자리를 잃어 갔다.

투시도와 이미지 중심 건축

투시도는 건축물을 눈에 보이는 형상 그대로 그린 그림으로 요즈음 건축에서 매우 중요한 매체다. 그 기원은 르네상스 시대까지 거슬러 올라간다. 브루넬레스키에 의해 원근법이 최초로 쓰인 후, 섬세한 선으로 스케치한 투시도가 등장했다. 그러나 당시에는 건축적 표현 매체로 많이 활용되지 못했다. 근대 건축가들은 종종 라인 드로잉 투시도를 그렸으나 색감까지 표현한 자세한 투시도는 전문 화가에게 외주를 맡기곤 했다.

그러나 요즘은 3차원 디지털 도구가 보편화되어 수많은 투시도가 양산된다. 모델링과 렌더링은 설계사무소의 일상적인 업무가 되었고, 투시도는 모든 건축가의 주된 표현 수단이 되었다. 특히 최근에는 실시간 렌더링 프로그램을 활용해 실제 공간의 모습을 즉각 확인하면서 디자인을 한다. 투시도를 중심으로 디자인을 만들다 보니 최근 건축가들의 결과물은 장면(Scene) 위주의 디자인으로 변화했다. 더 나아가 이는 웹진·핀터레스트·SNS 등 온라인을 통해 실시간으로 전 세계로 공유되며 쉽게 확산되고, 쉽게 사라지는 이미지 중심의 글로벌 트렌드를 만들어낸다.

장면 중심에서 동선 중심으로의 변화

위에서 언급한 모든 매체의 목표는 공간을 실제처럼 생동감 있게 전달하는 것이다. 실제 같은 이미지들에서 한 단계 나아가 이제 동영상까지 건축설계 매체의 일부로 등장하였다. 실제 공간을 돌아다니는 듯한 간접 체험을 선사하는 동영상 제작과 가상 세계를 현실처럼 느끼게 하는 VR 기술의 구현은 미디어로써 건축 작업의 궁극적인 목표가 될지도 모른다.

최근 젊은 건축가들 혹은 학생들은 어렵지 않게 직접 동영상 제작 작업을 할 수 있다. 유튜브 등으로 대변되는 동영상 플랫폼은 우리 일상에 스며들어 있다. 건축에 있어서 영상 매체를 활용한 표현은 앞으로 더욱 빠르게 일반화될 것이다. 이에 따라 요즈음 건축에서 대세가 되어버린 장면 위주의 정적인 건축 디자인도 동선(Movement) 위주의 동적인 건축 디자인으로 변화되어 갈 것이다.

변하는 미디움, 변해야 하는 건축

건축은 미디움이다. 미디움은 시대에 따라 변한다. 변화 속도는 점점 빨라지는 듯하다. 우리가 주목할 부분은 매체에 따라 설계 내용도, 계획 방식도 변화한다는 것이다. 모형을 기반으로 설계하는지, 투시도를 기반으로 설계하는지에 따라 그 내용과 방향은 모두 달라진다.

건축계도 교육계도 이를 인정해야 한다. 실무 현장에서는 더 이상 모형을 만들지 않고 투시도만을 기반으로 한 설계 작업이 진행되고 있는데, 일부 건축 교육은 아직까지도 전통적인 모형 만들기에 집착한다. 학생을 비롯한 젊은 세대는 이미 실시간 렌더링과 동영상에 익숙한데 아직도 대부분의 공공건축 공모전에서는 '렌더링하지 않은 3차원 이미지'를 제출하라며 표현을 제약하거나 대놓고 '스케치업'이라는 특정 모델링 파일을 요구한다. 제도판 위에 자와 연필로 시험을 보는 건축사 시험은 더 언급할 가치도 없다. 건축의 매체적 속성을 어떻게 이해하고 받아들이느냐에 따라 우리 건축의 미래가 결정될 것이다.

재료와의 대화

우리나라는 소위 콘크리트 공화국이다. 최근 지어지는 건축물의 60% 이상이 콘크리트 건축물이다. 건물이 조금 커지면 그나마 철골을 사용한다. 콘크리트조와 철골조가 시장의 90% 이상을 차지한다. 내외장재는 어떠한가? 벽돌·알루미늄 패널·스투코 석재·타일 등 건축가들에게 흔히 많이 쓰는 재료는 정해져 있고, 별 고민없이 쓰는 경우가 많다. 그러다 보니 전체 공사비도 이러한 자재들 단가에 맞추어 발주된다. 건축가에게는 목조·스틸·플라스틱 등 새로운 자재와 새로운 디테일을 시험해 볼 시간도 비용도 항상 부족하다.

상황이 이렇니 건축가·건축 실무자들이 재료와 디테일을 모르는 경우가 많다. 실제 재료의 속성과 감성을 이해하고, 이를 응용하는 제작 및 시공에 대해 고민하기보다 형태적으로나 이미지적으로만 접근하는 경우가 많다. 건축 교육도 마찬가지다. 재료에 대해 진지하게 고민하고 실습하는 교과목은 항상 미흡하다. 동시대 건축이 디지털화·이미지화되면서 재료에 대한 우리의 무관심은 더욱 심해지고 있는 듯하다.

재료와의 소통, 그에 맞는 도구

재료는 건축 디자인의 원천이다. 재료는 디자인의 대상을 넘어 감성을 다루는 '소통'의 대상이다. 모든 재료에는 그에 맞는 가공과 구축 방식이 있다. 돌은 다듬어지길 원하고, 벽돌은 쌓이길 원한다. 나는 종종 강의 시간에 학생들에게 돌·나무·종이에게 무엇을 원하는지 물어보라 한다. 나무는 깎여 끼워 맞춰지길, 스틸은 잘리고 접히길 원한다. 가장 맛있는 요리는 사용된 재료의 맛을 가장 잘 살린 요리다. 마찬가지로 뛰어난 건축가는 재료의 감성을 가장 잘 느끼고, 소통하며, 이해하는 사람이라고 할 수 있다.

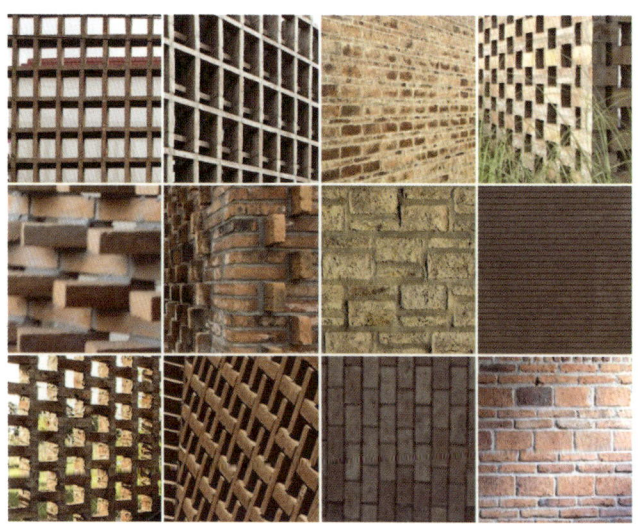

벽돌 쌓기의 다양한 방식

끼우고 맞추는 목조 건축의 구축 방식
Nest We Grow, Kengo Kuma

 또한 모든 재료에는 가공 방식에 맞는 도구가 있다. 깎는 도구와 자르는 도구는 다르다. 용접용 도구와 못질 도구도 다르다. 도구에 따라 일하는 방식도, 일하는 사람의 성향도 달라진다. 나무를 다룰 때의 공차(건축 작업 시 오차의 한계나 범위)와 스틸을 다룰 때의 공차는 다르다. 도구에 따라 만들어지는 결과물도 천차만별이다. 똑같은 구상을 놓고서도 종이와 가위로 만든 결과물과 찰흙과 주걱으로 만든 결과물은 절대 같을 수 없다. 도구가 사람을 지배하고 디자인을 결정한다. 디자인에는 재료의 선정만큼이나 도구의 선정 또한 디자인에 중요한 영향을 미친다.

재료의 구축미와 반전 매력

우리는 형태 또는 공간이 그 재료가 가장 원하는 방식으로 만들어졌을 때, 자연스러운 아름다움을 느낀다. 목조 건물은 목재를 드러내며 서로 끼워 맞춰질 때, 벽돌은 있는 그대로 서로 엮이며 쌓일 때, 스틸은 잘리고 접혀 각을 맞추고 조립될 때, 가장 아름답다. 이같이 재료들이 중력에 저항하여 그 자체로 물성을 드러내며 어떻게 구축되는지에 대한 아름다움을 건축 용어로 '구축미(Tectonic)'라고 한다. 구축미를 위해서는 재료의 물성에 대한 이해뿐만 아니라 재료와 재료가 '어떻게' 엮이고 결합되는지에 관한 섬세한 접근이 요구된다.

자르고 접고 결합하는 스틸의 구축 방식
Cadet Chapel, SOM

재료의 성질에 역행하여 휘고 구부려 만든 비구축미
Diseny Concet Hall, Frank Gehry

그러나 이와 반대로 재료의 반전이 주는 미적 효과도 있지 않을까? 재료를 일반적인 방식과 완전히 다르게 써서 만든 공간과 장소를 보면 비현실적인 낯선 아름다움이 느껴진다. 물결처럼 굴곡지는 벽돌 면이나 엿가락처럼 휘어진 스틸, 벽돌같이 차곡차곡 쌓인 목재에서 반전미를 느낄 수 있다. 이를 건축 용어로 '비구축미(Atectonic)'라고 한다. 구축미를 이해하지 못하고는 비구축미에 대한 감성을 이해할 수도 활용할 수도 없다. 하지만 우리의 국내 건축계의 현실에서 일반인뿐만 아니라 건축 전문가조차도 이러한 구축미와 비구축미에 대한 이해와 감성이 부족하다.

재료에 대한 관심과 연구

건축에 있어서의 각 재료는 건축을 넘어서 또 다른 산업계다. 스틸은 금속 산업계, 목재는 목재 산업계가 있다. 각 업계는 역할에 따라 세분화된다. 자재를 생산하고 유통하는 업체들은 특정 목적에 따라 자재를 가공하고 제작한다. 또한, 현장에 설치하고 시공하는 업체들도 있다. 앞서 언급한 이들 업체의 규모에 따라 할 수 있는 업역과 역할도 다르다. 모든 재료가 최종적으로 향하는 종착지가 건축이다. 그러나 건축가가 그 모든 재료와 그 제작 과정을 알기도 어렵고, 알 수도 없다. 그렇니 무관심이 생긴다.

재료의 각 업계에서는 최근 가공 기술의 혁신으로 새로운 재료들이 수없이 개발된다. 도막 처리를 통해 내후성을 강화한 스틸, 래미네이트를 통해 구조성을 강화한 목재 등 재료적 발전에 따라 건축의 결과물은 획기적으로 달라질 수 있다. 그러나 더 중요한 것은 건축에서 그러한 재료를 '어떻게' 쓰느냐다. 해외에서는 이미 십수 년 전부터 컴퓨테이션 디자인 및 로봇 등 첨단 디자인 및 제작 기술을 활용하여 새로운 건축적 가능성을 보여주는 건축 디자인 분야 연구 개발(R&D)이 수없이 진행되고 있다.

국내에서는 안타깝게도 건축 디자인 분야의 연구

새로운 건축 재료의 응용 기술을 실험하는 연구형 파빌리온
ICD/ITKE Pavilion

개발은 거의 전무하다시피 하다. 정부도, 기업도, 학교도 건축 디자인 연구에는 관심이 없다. 건축을 건축물로, 건축가의 작품으로만 보니 연구와 투자의 대상이 아니다. 건축 디자인 연구의 결과물은 건물만이 아니라 상품화와 양산 가능한 재료적 프로토타입·기술적 프로토타입·환경적 프로토타입일 수 있다. 당장의 수익적인 차원을 넘어 중장기적 비전을 보고 건축 디자인에도 재료와 그 활용에 대한 연구 개발이 필요하다.

디지털의 재료와 도구

건축설계 과정에 사용되는 재료와 도구도 검토해 보자. 과거에는 설계사무소 책상마다 제도판·커팅 매트·스티로폼·종이·칼 등이 여기저기 널브러져 있었다. 건물의 전체적인 틀을 잡기 위해 아이소핑크로 깍두기 형태의 매스 스터디(Mass Study)를 하고, 라이싱지 종이로 벽체를 만들고, 겹겹이 쌓은 우드락으로 대지를 표현하였다. 획일적인 재료와 도구는 획일적인 건축을 낳는다. 결과물은 매스 중심의 콘크리트 건축으로, 재료에 대한 적용은 마감재 차원을 넘어서지 못한다.

최근 설계사무소 책상에는 성능 좋은 컴퓨터와 2대 이상의 모니터 그리고 출력물들이 놓여 있다. 설계 과정 대부분이 디지털 디자인 프로그램을 통해 이뤄지고 도면으로 표현된다. 하지만 이 과정에도 프로그램이란 재료와 도구가 존재한다. 문제는 스케치업·캐드 등 디자인 프로그램이 획일화되어 가는 경향이다. 과거 스티로폼·종이·커터 칼 등 도구가 디자인 방향을 정했듯 우리는 이미 획일화된 디자인 소프트웨어라는 도구에 지배당하고 있다.

다양성 그리고 관심이 필요하다

우리 건축은 지난 수십 년간 비약적으로 발전했다. 그러나 아직 가장 부족한 부분은 '다양성'이다. 형태와 공간적인 차원에서는 다양한 작품들이 많이 보이나, 재료와 구축적 관점에서는 그러하지 못하다. 무언가를 형태적으로 빠르게 많이 만들어내는 것에는 익숙하나, '재료'에 대해 섬세하게 디자인하고 '구축'에 대해 꾸준하게 실험하는 건축 문화는 취약하다.

건축 재료는 너무 많고 다양하기에 건축가가 모든 재료를 알 수는 없다. 하지만 디자인에 의욕을 갖는 건축가라면 자기만의 재료를 개발해 갈 필요가 있다. 적어도 한두 가지 재료에 대해서는 누구보다 가장 잘 알고, 가장

현대적인 설계사무소의 풍경
Bjarke Inges Group 사무소

재료와의 대화

잘 다룰 수 있다는 자신감이 필요하다. 관심 있는 재료에 대해서는 재료뿐만 아니라 업계와 기술에 대해 관심을 갖고 들여다봐야 한다. 그러면서 자연스럽게 설계 과정에서 재료와 이를 구축하는 방식에 대한 연구 개발이 이루어질 것이다.

어렵지만 꼭 필요한 색

주변에 많은 건축가는 검은색 옷을 입는다. 검은색 셔츠에 검은색 자켓을 특히 많이 입는다. 그리고 하얀 종이로 디자인하고, 결과물은 회색 건물을 만들어낸다. 건축가들은 색을 안 쓰는 걸까 못 쓰는 걸까? 둘 다인 듯하다. 색을 안 써서 못 쓰고, 못 써서 안 쓰는 듯도 하다. 물론 다양한 색이 잘 쓰인 건축도 있고, 색을 잘 아는 건축가도 있다. 그러나 건축가는 색에 대한 전문가가 아니다. 그럼에도 건축이 모여 도시의 색을 결정하니 참 아이러니 한 일이다.

물론 건축가들은 좋든 싫든 항상 색을 선택해야 하고, 많은 경험을 통해 그 사용법을 체득한다. 그렇게 알게 된 색의 사용법이 주로 무채색, 튀지 않는 색이다. 색을 잘못 쓰면 뭔가 저렴하고 촌스러워 보이는 것도 사실이다. 그러다 보니 건축가에게 색은 뭔가 두려운 대상이고, 위험한 도구다. 건축가로서 감각 있게 색채를 잘 활용한 건축과 공간 디자인을 보면 부러울 따름이다.

건축가의 선과 악, 백색과 흑색

건축가가 색을 멀리한 가장 큰 이유는 무엇일까? 바로 모더니즘 사조 때문이다. 빛과 그림자가 빚어내는 음영의 효과를 즐겨 사용한 모더니즘 건축은 백색이나 회색의 벽체를 선호하였다. 밝은색으로 갈수록 빛을 반사하여 음영이 가장 두드러지고 공간감이 명확해진다. 반면, 어두운색으로 갈수록 빛을 흡수하여 음영이 사라지고 공간감을 살리기 어려워진다. 그래서인지 건축 모형은 거의 대부분 백색으로 만든다. 건축가에게 백은 선(善)이며, 검정은 악(惡)이었다.

색이 지나치게 강조되면 공간과 형태가 죽는다. 인

대표적인 순백의 건축
Jubilee Church, Richard Meier

간의 시력과 인지력은 상대적이다. 한 번에 둘 이상 집중하기 어렵다. 강한 색이 시선을 모으면 음영이 만드는 공간감은 주목받지 못한다. 그러니 공간을 중요시해 온 건축가들은 색을 멀리할 수밖에 없다. 그러나 요즈음 건축도 그럴까? 여전히 빛과 그림자, 공간과 형태가 중요하지만 그것들이 건축의 전부는 아니다. 때로는 자극적이고 다채로운 색이 필요하다.

색에 대한 선입견

색은 공간의 프로그램에 따라 다양하게 쓰인다. 그러나 우리는 색에 대한 고정관념이 있다. 대표적으로 아이들의 공간은 밝고 화사한 색을 쓰는 것이다. 많은 유치원과 초등학교에 노랑·주황·초록 등 명도와 채도가 높은 유채색이 활용된다. 수영장이나 체육관과 같은 활동 장소에는 파란색·붉은색 등 원색 계열, 호텔이나 바와 같이 고급스럽고 무게감이 느껴지는 공간에는 어두운 갈색·짙은 회색·검은색 등 주로 무채색 계열을 많이 사용한다.

    그러나 이런 선입견대로 색을 남발할 경우 건축은 흉물이 되고 만다. 유치원에 빨강·노랑·파랑 등 너무 많은 원색을 남발해 디자인을 해치고 눈에 피로감을 주는 경우도 종종 보인다. 수영장이라고 해서 파란색으로 도

파스텔톤의 색채로 표현한 키즈 공간
L'Atelier des Enfants(좌) / Mathieu Lehanneur(우)

배하고, 술집이라고 어두운색으로 무작정 덮어 버리는 색상 사용은 안 하느니만 못하다. 신중하게 써야 한다. 색은 포인트를 줄 때 강해진다. 전체적인 배경이 있고, 돋보이는 색상이 디자인 포인트가 되면 의미가 있다. 이때 무엇보다 중요한 것은 색의 조합이다.

자연과 어울리는 색

색은 자연의 산물이다. 재료의 속성과 본질을 탐구해 온 건축가에게 인위적인 채색은 때로 작위적으로 보인다. 재료가 빛을 만나 표현하는 외연이 색의 본질이다. 인간의 감각에 자연 그대로의 색과 질감만큼 좋은 것은 없다. 싱그러운 풀잎의 연두색, 맑은 하늘의 하늘색, 잘 익은 사과의 빨간색만큼 아름다운 색은 없다. 고급스러운 우드, 번들거리지 않는 무광 스틸, 매끈하게 마감된 노

공원의 붉은 포인트 구조물
La Villette Park, Bernard Tschumi

출콘크리트 등 재료가 보여주는 본연의 색상만큼 자연스러운 것은 없다.

건축물은 인공물이기에 주변 환경과 잘 어우러져야 한다. 일반적으로 주변에 숲이 있다면 백색 혹은 갈색 구조물이 초록색과 어울려 인공과 자연의 조화를 만든다. 쨍한 원색이 자연과 어울리기는 쉽지 않다. 하지만 그걸 차치하더라도 우리의 공원에는 이미 너무나도 많은 규정이 있다. 온갖 심의와 규제가 색의 사용을 제한한다. 그렇다고 자연과의 어울림 혹은 조화만이 정답은 아니다. 오히려 자연 속에 강한 색을 사용하여 인공물을 하나의 포인트로 돋보이게 할 때도 있다. 멀리서도 보이는 랜드마크를 만들기 위해 색채 사용만큼 쉽고, 강렬하고, 효과적인 요소도 없다. 충분한 이유와 목적이 있다면 자연에 색을 쓰지 못할 이유도 없다.

톤 앤 매너, 색 활용법

그렇다면 색을 잘 쓰려면 어떻게 해야 할까? 나도 여러 색을 놓고 고민에 빠진 적이 많다. 이상적으로는 색상 전문가와 협업하거나 컨설팅을 받으면 좋겠지만, 그런 상황이 아니라면 톤 앤 매너를 맞추는 데 주력한다. 몇 가지의 색상을 쓰되, 전체적으로 하나의 콘셉트가 되게 하는 것이다. 그러기 위해 RGB 색상 팔레트를 활용한다. 색 전문적인 서적과 어도비 등 그래픽 프로그램들도 톤과 매너에 맞는 색을 추천한다.

일반적으로 같은 계열의 색상이 일관성을 준다. 다채로움을 원한다면 RGB 칼라코드 상 유사 계열을 쓰는 게 안전하다. 파스텔 톤의 부드러운 변주를 줄 수도 있다. 보색을 사용하면 서로 조화를 이루며 대비되어 강조

색의 톤 앤 매너를 맞춘 사례
Riviera Cabin

효과를 줄 수 있다. 노란색과 보라색 또는 파란색은 서로 보색으로 대비되면서도 잘 어우러진다.

이러한 사례와 같이 색의 사용은 건축 교육이 필요한 전문 영역이다. 건축 디자인을 함에 있어서 색은 필수적 요소이기 때문이다. 그러나 현재 국내 거의 모든 학교에는 색에 대한 교육 과정도, 교육할 수 있는 사람도 없다. 건축 교육이 항상 색감을 다루는 건축가를 양성한다면서 학교에서 단 한 번도 색을 가르치지 않는다는 사실, 모든 건축가가 색에 대해 개인적인 감각과 경험에 의존한다는 현실, 이에 대해 아무도 문제 제기하지 않는다는 것이 놀라울 따름이다. 건축 교육에 있어 색상에 대한, 색의 활용에 대한 최소한의 전문 교육은 반드시 필요하다.

도시에는 색이 필요하다

우리의 도시는 어떠한 색일까? 흔히 건축재는 채도가 강하지 않거나 무채색 계열이 많다. 그러다 보니 무채색 건축물이 많고, 도시의 색도 건축물에 크게 좌우되지 않는다. 오히려 도시의 색감은 일상적인 거리에서 느껴진다. 버스정류장·지하철역의 캐노피·자전거 거치대 등 주변의 공공시설물들을 둘러보자. 안타깝게도 대부분 어두운 회색이다. 대한민국 모든 도시의 시설물이 거의 같은 색이다. 이 정도면 색을 잃은 도시, 색감이 없는 국가다. 온갖 심의와 규제가 도시의 색을 통제하고 있다.

우리 스스로가 무채색을 친숙하게 여기는 경향도 있다. 문화적·교육적 영향으로 자기주장을 강하게 내세우고 스스로 표현하기보다 남들을 따라 하고 대중 속에 튀지 않게 숨는 것에 익숙하기 때문이다. 자연스럽게 디자인은 억눌려 왔고, 우리 도시는 튀는 디자인, 튀는 색을 견디지 못하게 되었다.

이제는 바꾸어 보자. 우리 건축에도 색이 필요하다. 색의 사용을 두려워하지 말고, 제한하지 말자. 적절한 색을 권장하고 잘 쓴다면 우리 건축 디자인은 한층 다채로워질 수 있다. 도시의 색과 디자인에도 자유를 주면 어떨까? 제한을 두지 말고 어울리는 색을 잘 활용하면 지금보다 아름다운 우리 도시를 만날 수 있을 것이다.

밝고 청량한 색상의 파리의 어느 버스 정류장

세상을 바꾸는 3가지 방식

선거철이 되면 건축과 도시 관련 공약이 쏟아져 나온다. 작게는 구청사나 주민 센터부터 크게는 주거단지와 공항·신도시까지 후보들은 저마다 목청 높여 개발 비전을 외친다. 선거 후에 건축은 정치와 권력에 의해 다양하게 이용된다. 오페라 하우스·전시장·공원 등 건축물들은 각종 정책의 실효성을 가시적으로 드러내는 물리적 성과이자 정치인이 임기 안에 반드시 이루어야 하는 과업이다.

과연 건축은 세상을 바꿀 수 있을까? 많은 건축학도가 그런 꿈을 꾼다. 물론 건축이 세상을 바꾸지 못해도 그 결과물은 긍정적이든 부정적이든 세상에 많은 영향을 끼친다. 건축이 세상을 바꾸는 방식 혹은 세상을 바꾸기 위해 건축이 이용되는 방식은 다양하다. 그중 3가지를 이야기하고 싶다.

랜드마크 건축하기

첫 번째는 랜드마크다. 새로운 랜드마크는 도시민들의 꿈과 이상을 표출한다. 랜드마크는 가장 직관적인 건축물로 고대 바벨탑처럼 인간의 허영과 욕심을 그대로 보여 준다. 가장 높게, 가장 크게, 가장 화려하게. 랜드마크는 한 도시를 시각적이고, 상징적으로 표현하는 가장 효과적인 도구다.

건축계에는 '빌바오 효과(Bilbao Effect)'라는 용어가 있다. 빌바오는 스페인 북부에 위치한 산업 및 항구 도시로 한때 제철소와 조선소를 기반으로 번성하다가 탈공업화 이후 쇠퇴하고 낙후되어 있었다. 1990년 빌바오 지방 정부는 문화 산업을 통한 도시 재생을 목적으로 구겐하임 미술관을 유치하였고, 세계적인 건축가 프랭크 게리가 작업에 착수했다. 처음에는 막대한 공사 비용을 낭비한다고 비판받았으나 완공되고 시간이 지나며 빌바오 구겐하임 미술관(Guggenheim Museum Bilbao)은 독특한 외관으로 도시의 랜드마크가 되어 지역 경제와 문화를 활성화하는 긍정적 효과를 가져왔다. 그 결과 빌바오 효

랜드마크 건축의 대명사
Bilbao Guggenheim, Frank Gehry

서울의 랜드마크 건축
DDP, Zaha Hadid

과라는 용어까지 만들어졌고, 전 세계 도시건축 전문가들이 이 사례에 주목하였다.

    1990년대 이후, 건축의 세계화와 맞물려 세계 여러 도시가 유명한 스타 건축가를 초청해 랜드마크를 건설하는 일이 빈번해졌다. 사람들은 이를 통해 도시의 부흥을 꿈꿨다. 국내에서도 2007년 노후된 동대문운동장을 철거하고 그 자리에 새로운 시설을 설치할 목적으로 국제 공모전을 열어 자하 하디드의 'DDP(동대문 디자인 플라자)'가 만들어졌다. 당시에도 예산 낭비에 대한 논란이 뜨거웠으나 십수 년이 지난 지금은 서울의 중요한 랜드마크가 된 것은 분명하다. 그러나 그 과정에 있어서 어마어마한 비용이 쓰인 점과, 특히 공공건축이 랜드마크를 지향하는 경우 건축이 정치적 목적으로 악용되기 쉽다는 단점이 있다.

가치 재발견하기

건축이 세상을 바꾸는 두 번째 방식은 가치를 재발견하는 것이다. 과연 멋진 건물을 신축하는 것만이 최선일까? 건축물도 사람처럼 시간이 지나면 나이를 먹는다. 많은 건축가가 오래된 건축물에서 가치를 발견해 새롭게 재해석하고 있다. 오래된 폐발전소를 리모델링해 미술관으로, 낡은 창고를 개조해 극장이나 카페로 만들 수도 있다.

 가치의 재발견은 건축을 넘어 도시의 영역까지 영향을 끼친다. 뉴욕의 '하이 라인(The High Line)'은 지난 반세기 동안 고가 철도로 사용되었다. 1980년대에 선로가 폐쇄되고, 이 고가 철도는 버려진 채 도시의 흉물이 되어 주변부와 함께 낙후되어 갔다. 시는 이 공간을 재생

노후 도시 인프라의 혁신
High Line Park, Field Operations

하기 위해 설계 공모를 열었고, 제임스 코너의 안이 최종 선정되었다. 그의 아이디어에 따라 버려진 공간을 공원으로 탈바꿈시켜 2009년에 개장하였다. 하이 라인은 도심 속 산책로로 뉴욕 웨스트 12번가에서 34번가를 잇는 새로운 축을 만들어 주변 환경과 문화 그리고 지역 경제까지 크게 발전시킨 성공 사례로 꼽힌다.

 이렇게 노후화된 건축물을 리모델링해 도시를 변화시키는 것은 하나의 트렌드가 되었다. 국내에서는 철거 예정이었던 서울역 고가도로를 뉴욕의 하이 라인을 벤치마킹하여 '서울로 7017'로 만들었다. 경제 개발 시대에 차를 위해 지어졌던 낡은 고가도로를 보행로로 바꾸었고, 서울역부터 남대문 시장, 더 나아가 남산까지 이어지는 선형 공원으로 재탄생시켰다. 개장 초반 인기를 누렸

모방적 계획이 낳은 우리의 현실
서울로 7017, MVRDV

으나 도시민과 함께 호흡하지 못하는 인프라는 역시 오래가지 못했다. 뉴욕 하이라인처럼 주변 지역을 이어주는 기능이 제대로 작동하지 못하고, 공원으로서의 역할도 미약하다 보니 사람들의 관심이 떨어진 애물단지가 되어 가고 있다.

보존하고 재생하기

한편, 오래된 지역을 최대한 그대로 보존하며 재생할 수도 있다. 낙후된 지역에 지역민들과 소통하며 주민들에게 필요한 기반 시설을 설치해 주면서 도시 인프라와 환경을 개선하는 방식이다. 지역 주민들의 오랜 삶의 터전을 보존하며 꼭 필요한 부분만 재생하는, 지속가능한 개발 방식이라고 할 수 있다.

덴마크 코펜하겐의 북쪽에 위치한 뇌레브로는 다국적 국적의 사람들이 거주하는 빈민촌으로 악명 높은 지역이었다. 2007년 코펜하겐시는 도시 재생 방식으로 이 지역을 살리기 위한 공모전을 개최했다. 슈퍼킬른(Superkilen)은 당시 공모전 명칭으로 여기서 슈퍼(Super)는 대단한 혹은 특별한, 킬른(Kilen)은 쐐기라는 뜻으로 한마디로 '거대한 쐐기'라는 의미를 담고 있다. 이 프로젝트의 특징은 건축가·조경가·도시 활동가·예술가들과 지역민들이 함께 참여하여 방치된 공공부지를 지역에

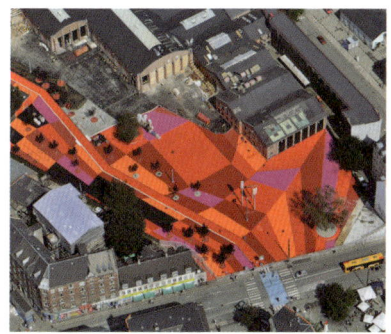 

구성원들의 협업이 만들어낸 우수한 도시 재생의 예
Superkilen Park, Biarke Ingels Group

새로운 활기를 불어넣는 광장이자 공원이 되도록 하였다는 데 있다.

국내에서도 도시 재생은 2000년대 이후 꾸준히 관심을 받아 왔다. 특히 신도심으로의 인구 집중과 함께 구도심의 공동화 현상은 대도시부터 지방 소도시까지 전국 모든 도시에서 문제가 되었다. 이에 관해 구도심에 대한 전면적 개발보다는 필요한 요소의 기능적 개선과 프로그램적 개입을 통한 도시 재생 개발 방식이 주목을 받았다.

그러나 감성적 혹은 상업적 접근만 한 도시 재생은 또 다른 문제를 낳는다. 서울에서도 성수동·문래동 등 구도심을 문화·예술 프로그램을 통해 활성화시켰고, 전주·광주·목포·대구·부산 등 전국 각지에 원도심의 감성

감성적 도시 재생이 만드는 또 다른 도시 문제
서울 문래동(좌) / 전주 한옥마을(우)

을 살린 도시 재생이 유행처럼 번져갔다. 그러나 그러한 도시 재생은 외부인들의 유입을 부추기면서 젠트리피케이션(Gentrification) 현상이 뒤따랐고, 이는 남아 있는 원주민마저 쫓아내는 또 다른 사회 문제를 야기하기도 하였다.

다양성과 공존이 필요하다

건축은 다양한 방식으로 세상을 바꾸는 데 기여한다. 랜드마크를 만들어 도시의 꿈과 욕망을 대변하기도, 오래되거나 방치된 공간을 변화시켜 기존 가치를 재발견하기도 한다. 또한, 개발보다 보존을 우선시하고 최소한의 개입으로 도시를 재생하기도 한다. 그렇다면 이런 접근 방식의 차이는 누가 정하는 걸까? 공교롭게도 이는 건축이 아닌 정치에서 출발한다. 공공건축의 향방이 정치에 종속되는 것은 슬프지만 현실이다.

우리나라의 보수 정권은 랜드마크를 짓는 건축을 지향해 왔다. 세계적인 건축가들을 데려와 낙후 지역을 개발하고 프로젝트를 추진하며, 홍보와 마케팅을 통해 경제적인 효과를 얻고자 했다. 국내 건축 시장은 전 세계 스타 건축가의 자유로운 활동 무대가 된 지 오래고, 그 탓인지 우리 건축은 여전히 사대주의에서 벗어나지 못하고 있다. 이런 전략은 경제적으로 큰 효과를 거둘 수 있지만, 한편으로는 또 다른 소외를 낳고 랜드마크 외 지역은 오히려 낙후시킨다는 부정적인 분석도 있다.

반면, 진보 정권은 가치를 재발견하여 도시를 재생하는 방식을 지향해 왔다. 낙후된 지역을 세밀하게 관찰하고 최소한의 영향을 끼치는 작은 건축, 재생의 건축으로 일상적인 공간들을 변화시켰다. 많은 건축가가 참여해 주민과 소통하고, 지역의 역사와 문화를 존중하는 방향에서 제한적으로 개발하고자 하였다. 이런 전략은 민주적이고 대중 친화적이지만 경제적·대외적 효과가 미미하고 건축계의 자체적인 실험과 도전을 뒷받침하진 못한다는 부정적인 측면도 있다.

도시 변화의 접근 방식에 정답은 없다. 모두 장단점이 있고, 성향과 가치관에 따라 다를 수 있다. 무엇보다이는 건축가가 단독으로 결정할 문제가 아니다. 다만 정권이 바뀌었다고 이전 정권에서 추진하던 건축 사업을 갑자기 중단하지는 않았으면 한다. 실보다 득이 많은 경우도 있기 때문이다. 건축은 단지 건축이다. 정권이 바뀌면 설계 또는 시공 중이던 많은 사업이 좌초되거나 백지화되어 버린다. 건축하는 이들 모두 한 번쯤 겪어 본 문제일 것이다. 나만 맞고 상대방은 틀린 게 아니다. 다를 뿐이다. 이전 정권의 건축 사업 방향도 잘못된 게 아니라 내 생각과 다를 뿐이고, 더 나은 세상을 만드는 데 서로 다른 방식으로 일조하고 있는 것이다.

건축가, 미래를 그리다

"스케치라도 좀 해 주실 수 있을까요?"

흔히 사람들은 건축가에게 어떤 땅을 보여 주고 멋진 그림을 그려 달라고 요청한다. 그 땅에 무엇을 할 수 있는지 미리 보고 꿈꾸고 싶어 한다. 꿈과 이상을 보여 주는 것은 건축의 중요한 역할 중 하나다. 개인에게는 그의 꿈과 야망을, 도시와 사회에는 공동체의 비전을 보여 준다. 건축가는 현실에 필요한 실용적인 공간을 만드는 설계자이자 장밋빛 미래를 그리는 이상주의자다.

미래 지향적인 건축은 시대와 사회에 맞춰 항상 존재해 왔다. 건축의 역사 속에 우리 선조들이 상상했던 미래, 그들이 꿈꾼 실험적인 이상향을 살펴보는 일은 매우 흥미롭다. 이런 건축 대부분은 당대에 실현되지 못했지만 사회와 건축계에 지속적으로 영향을 미쳐 가깝고 먼 미래에 그대로 또는 유사하게 구현되기도 한다.

그들이 꿈꿨던 이상
과거 사람들이 꿈꿨던 이상향은 어떤 모습이었을까? 르네상스 시대, 기능적으로 완벽한 유토피아를 만들려던

야심 찬 시도가 있었다. 사람들은 모든 요소를 기하학적으로 패턴화하여 완벽하게 합리적인 도시 모델을 구현하고자 하였다. 새로운 이상향을 만들려는 시도는 상상에만 그치지 않았고, 실제로 여러 사례를 남겼다.

이탈리아 북동부에 위치한 '팔마노바(Palmanova)'는 1593년 베네치아 공화국에 의해 세워진 별 모양 요새 도시다. 중앙 광장을 중심으로 방사형으로 뻗은 도로와 건물이, 외곽에는 성벽과 망루가 위치한다. 각 공간은 기능적으로 완벽히 정리되어 계획되었다. 이런 계획형 이상도시를 건설하려는 시도는 이후에도 지속적으로 나타났다. 그러나 대부분 공간적 다양성과 역동성을 잃어 단조로워지고, 결과적으로 실제 사람들이 거주하고 생활하

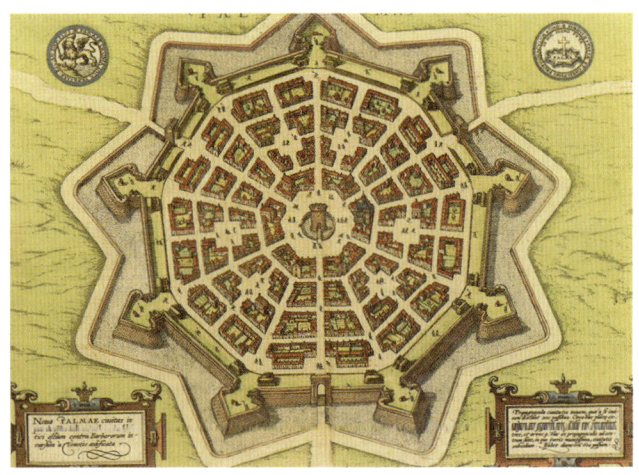

르네상스의 이상 도시
Palmanova

기엔 적절하지 않아 유토피아와는 거리가 먼 공간이 되었다.

그렇다면 완벽하고 이상적인 건축은 어디에서 찾을 수 있을까? 18세기 말 프랑스 혁명과 계몽주의가 떠올랐던 격변의 시대, 건축 분야에서도 이상을 좇으려는 시도가 두드러지게 나타났다. 신고전주의에서 더 나아가 당시 건축가들은 고전적 어휘에서 기하학적인 요소를 차용하여 혁신적인 형태와 공간을 제안하기에 이른다. 기존 고전 양식의 비중을 줄이고, 원·돔·아치 등 단순한 기하학 형상에 집중하여 새로운 조합이나 엄청난 스케일의 공간을 만드는 혁신적인 건축이 시작되었다.

대표적으로 클로드 니콜라 르두와 에티엔느루이 불레를 들 수 있는데, 이들은 각각 '이상 도시 쇼(Ideal City of Chaux)'와 '뉴턴 기념관(Cénotaphe à Newton)' 등 당시

기하학적 절대미의 이상적 건축
Cénotaphe de Newton, Étienne-Louis Boullée

건축가, 미래를 그리다

로써는 상상하지 못했던 혁신적인 건축 디자인을 선보였다. 그들의 작업은 페이퍼 아키텍처로 그림만 남았으나 건축계에 두고두고 영향을 끼쳐 100여 년 후 모더니즘의 씨앗이 되었다고도 볼 수 있다. 현재까지도 많은 건축가가 이들의 작품을 인용한다.

불안과 기대 속 미래주의

불안과 기대는 사람들로 하여금 미래를 그리게 한다. 정치·사회적 상황이 혼란하고 불안하면 이상향에 대한 욕구는 더 치솟기 마련이다. 20세기 초, 이탈리아에서는 진보적이고 역동적인 표현을 강조하는 미래주의(Futurism) 예술 사조가 출현하였다. 이와 마찬가지로 당시 혁신적이었던 기계 문명의 역동성과 속도감을 새로운 진보적 도시의 모습으로 승화해 표현한 미래주의 건축도 유행하기 시작한다.

이탈리아 건축가 안토니오 산텔리아는 '미래 도시(La Città Nuova)'라는 작품에 역동적이고 가벼운 도시를 그렸다. 이 그림에는 사선과 캔틸레버, 노출 구조와 반복적인 요소, 입체적인 인프라스트럭처와 건물의 결합 등 100여 년 전에는 상상하기조차 어려웠던 공상 과학 영화 같은 새로운 도시가 표현되어 있다. 당대 기술 혁신이 불러온 새로운 건축과 도시 개념은 이후 지대한 영향을

사선과 입체성이 두드러진 미래주의 건축
La Città Nuova, Antonio Sant'Elia

미쳐 현대 건축에도 계속해서 나타난다.

    기술 발전은 1960년대 산업화와 자본주의의 급성장과 함께 도시의 물리적인 외형을 넘어 새로운 사회 시스템을 향한 욕망으로 승화되었다. 그 결과 사람들은 당시의 하이테크(High-Tech)·인프라스트럭처·모빌리티 기술 등에서 진화한 극단적 기술주의로 인간과 도시와의 관계를 재정의하는 '그리드(Grid)'와 '메가 스트럭처(Mega Structure)' 등의 새로운 세상까지 꿈꾸게 된다.

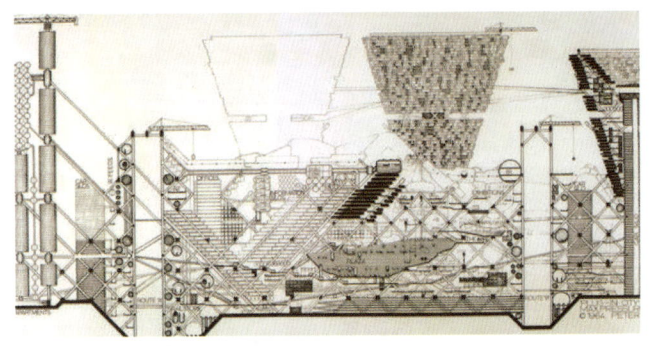

기술적 상상력이 만드는 미래 도시
Plug-in City, Archigram

1960년대 영국의 진보적인 건축 그룹 아키그램은 '플러그인 시티(Plug-In City)', '워킹 시티(Walking City)' 같은 프로젝트로 기계화되고, 모듈화된 도시를 보여주었다. 도시가 하나의 지능화된 로봇 시스템처럼 유기적으로 움직인다는 새로운 패러다임을 담은 작품들이다. 그들의 선구적인 프로젝트는 시간이 지나 로봇·인공지능·모듈러 등 첨단 기술이 자리 잡은 현대에 들어 더 주목받고 있다.

우리가 그리는 신기루

현대 건축에서 미래는 어떻게 그려지고 있을까? 20세기 후반부터 오늘날까지, 우리는 잉여 자본의 시대를 살아가고 있다. 정보 통신 기술이 새로운 산업혁명을 불러왔

잉여 자본 시대에 그려지는 신기루
The Palm Island

고, 건축 시장도 이미지와 미디어를 기반으로 급속도로 세계화되고 있다. 자본만 뒷받침해 준다면 머릿속 상상을 실제 현실로 만들 수 있는 세상이다.

시대의 흐름은 건축가로 하여금 잉여 자본이 만들 신기루를 그려 내기를 종종 요구한다. 두바이는 20세기 후반의 자본력이 만들어낸 대표적인 신기루의 도시다. 화려하고 다양한 건축물의 전시장이자 그림 속에나 존재할 만한 세계적 건축 거장들의 상상력을 구현하여 만든 환상의 도시다. 규모와 정도의 차이는 있으나 이런 두바이식 건축은 세계 곳곳, 이제는 우리 주변에서도 종종 볼 수 있다.

미래를 향한 사회적 논의가 필요하다

"저 앞의 땅도 제가 살 거예요."

"나중에 제가 다른 곳에도 건축을 좀 하려고요."

"이번 일 잘되면 다른 데도 같이 하시죠."

"그림 하나 멋지게 잘 그려 주세요."

건축주들을 만날 때마다 공통적으로 듣는 이야기들이다. 건축가는 개인과 사회의 미래를 꿈꾸고, 그리고, 구현한다. 이것이 건축 분야가 지닌 가장 큰 매력이자 잠재력이다. 그러나 꿈에는 환상·허상·구상·공상·상상 등이 모두 섞여 있다. 좋은 꿈은 이상향을 보여 주고, 우리를 올바른 길로 인도한다. 하지만 건축가는 때로는 개인과 사회의 잘못된 욕망과 허영에 이용당한다. 그런 일에 건축가를 이용해서는 안 되고, 건축가는 그런 일에 이용당하면 안 된다. 정치인들이 보여 주는 화려하고 멋진 그림에 현혹되지 말자.

미래는 환상이나 허상이 아니다. 미래에 대한 사회적 논의는 반드시 필요하다. 미래에 대한 건축적 상상력도, 미래 건축의 방향성에 대한 교육도 마찬가지다. 중요한 건 과거와 현재에 대한 존중, 사회적 공론과 합리적 근거를 기반으로 한 건축적 상상력만이 가치 있는 것이다. 건축가는 누군가의 미래를 그려 주는 수단보다는 올바른 미래를 제시해 주는 가이드가 되어야 할 것이다.

뉴욕 맨해튼의 미래 상상도
Richard Rummell(상) / 영화 '스타워즈' 속 미래 도시(하)

불변의 그리고 변화의 건축

최근 자동차 시장에서 전기차의 점유율이 확대되며 배터리와 반도체 산업이 급성장하고, 내연기관 산업은 시대의 뒤편으로 밀리고 있다. 전 세계 자동차 업계는 시장 변화에 따라 급속히 재편되고 있다. 미래를 예측하고 대비하면 좋겠지만, 어떤 분야도 10년 후를 정확히 그려내지는 못한다.

건축은 어떠할까? 건축은 다른 어떠한 분야보다 그 결과물의 수명이 길다. 제대로 지어진 콘크리트 건축물은 기본적으로 한 세기는 버틴다. 유럽 등 해외에는 거리에 수백 년이 넘은 건축물을 쉽게 볼 수 있다. 건축을 공부하면 수천 년에 걸친 건축사부터 공부한다. 건축가들의 작품으로서의 건축은 수명을 예견하고 설계하지 않는다. 그러다 보니 건축은 항상 변화에 저항적이었다.

한편, 급변하는 요즈음 시대는 건축의 변화를 다시 한번 촉구한다. 기술적 변화에 맞추어 새로운 재료와 공법은 물론 트렌드에 맞추어 디자인의 변화가 요구된다. 철학적이고, 무거운 건축보다는 가볍고, 유연한 건축이 필요하다. 건축가의 역할도 변화해 가고 있다. 삭가석 선축가보다 협업적 전문가로서의 건축가가 각광받는다. 변화에 대응해 온 건축, 그리고 지금 이 시대 건축을 살펴보자.

건축과 시간

'건축은 영원하다'라는 말이 있었다. 고대 이집트의 피라미드부터 유서 깊은 중세 교회, 우리나라 고궁은 장대한 역사 속에 불멸의 작품으로 남아 있다. 건축은 시대의 양심과 예술적 가치를 담는 그릇이다. 인문적 관점에서 건축은 그 시대와 사회, 문화를 함축적으로 보여 주고 시간이 흘러도 꿋꿋하게 남아 있는 역사의 증인이다. 산업화를 거쳐 모더니즘 시대에 들어서자 그 절대적 가

완벽한 비례감과 영원한 형태미의 추구
Longchamp Church, Le Corbusier

빛과 그림자의 영원한 건축
Parliament House of Bangladesh, Louis Kahn

치는 또 다른 차원에서 강조되기 시작하였다. 모더니즘 건축은 기하학적 형태, 빛과 그림자 등으로 만드는 공간에 대한 본질적 탐구에 집중하였다. 시대에 따른 유행을 거부하고, 공간에는 절대 불멸의 가치가 있음을 강조하였다. 르 코르뷔지에는 완벽한 기하학의 황금비로 형태와 공간을 만들었고, 루이스 칸은 공간과 빛을 활용한 절대미로 건축의 본질을 추구하였다. 건축은 바뀌었으나 건축의 영원함에 대한 이상은 바뀌지 않았다.

그러나 건축은 영원하지 않다는 반론도 있었다. 제1차 산업혁명으로 공장형 건축이 탄생하였다. 만국박람회라는 대규모 행사를 위해 지었던 런던의 수정궁과 파리의 에펠탑처럼 공장에서 만든 부재를 현장 조립하여 만드는 방식이 도입되었고, 도시화에 맞춰 건물들은 대

임시 건물이었던 최초의 공장형 건축
Crystal Palace, Joseph Paxton

모듈화된 건축의 시도
Nakagin Capsule Tower, Kisho Kurokawa

량화·표준화되었다. 제2차 산업혁명의 대량 생산과 운송 수단 혁신에 맞추어 모더니즘 건축이 세계 주류를 이루게 되었고, 이에 반발한 포스트모더니즘은 지역적이며 친밀한 대중 건축을 지향하기 시작하였다. 이후 컴퓨터를 활용한 네트워크와 정보 사회를 표방하는 제3차 산업혁명으로 건축은 세계화되어 서로 영향을 주고받고 있다. 어떠한 관점에서 보면 건축의 역사는 시대적 변화에 대한 저항과 극복의 역사였다.

요즘 건축의 4가지 트렌드

그렇다면 요즘 건축은 과연 어떻게 변하고 있을까? 그 경향성을 4가지로 정리해 보자.

첫째, '소비재로서의 건축'이다. '영원한 가치를 갖는 건축'은 더 이상 사람들에게 관심을 받지 못한다. 오늘날 소비 중심 사회에서 건축은 보존 대상이 아니라 패션과 같이 유행을 타는 소비 대상이다. 개인부터 기업까지 모두가 건축을 자신의 정체성을 보여 주기 위한 수단으로 소비하고 있다. 몇몇 건축가들은 자신의 스타일을 보여 주기 위해 건축을 한다. 직관적이고 인상적인 공간이 더 주목받고 있으며, 독특하고 차별화된 외관과 재료가 큰 관심을 받는다. 하지만 그만큼 빠르게 인기를 잃는다. 건축은 빨리 만들고, 부수고, 다시 새롭게 지어지는 소비 대상으로 전락하였다.

둘째, '이미지로서의 건축'이다. 바야흐로 이미지의 시대다. 모든 사람이 매일 스마트폰과 컴퓨터를 통해 실시간으로 이미지와 동영상을 찾고 공유한다. 건축을 공간으로 직접 체험하기 전에 누군가가 공유한 이미지로 접한다. 또한, 실제 공간을 방문해 체험하는 동시에 실시간으로 불특정 다수에게 공유한다. 종종 건축은 공간 그 자체보다 하나의 이미지로 소비된다. 그 이미지를 전달하고 공유하는 방식은 모형이나 전통적인 드로잉이 아니라 사진과 동영상 등 온라인 매체로 옮겨 가고 있다.

셋째, '공유재로서의 건축'이다. 전 세계에서 준공되는 수많은 건축 프로젝트가 매일 실시간으로 공유된다. 의도하든 그렇지 않든 유사한 디자인이 쏟아져 나온다. 요즘 같은 공유 사회에서 세상에 없던 디자인은 거의 찾아볼 수 없다. 이제 존재하지 않는 새로운 디자인을 찾는 창의력과 상상력보다 기존의 다양한 프로토타입을 활용해 주어진 조건에 맞는 새로운 솔루션을 찾는 응용력과 문제 해결력이 중요하다.

마지막으로 '융합 산업으로서의 건축'을 들 수 있다. 건축은 이미 하나의 융합 산업이다. 구조·기계·전기 등 여러 분야가 협력해 만들어지고, 더 나아가 인테리어·가구·조형·조경 등 타 분야로까지 확장되고 있다. 건축업

변화무쌍한 입면과 화려한 디자인이 강조되는 소비재로서의 건축
Galleria Centercity, UN Studio

보는 이를 중심성 강한 이미지로 매료시키는 이미지로서의 건축
Messe Basel, Herzog de Meuron

다양한 유형적 아카이브 만들어내는 공유재로서의 건축
Porous City, MVRDV

구조·환경·기술·미(美)가 통합된 융합 산업으로서의 건축
Media-TIC, Enric Ruiz Geli

의 경계가 희미해지고 새로운 결과물을 만들기 위한 융합적인 사고가 필요한 시대다. 건축은 건물 설계에만 국한되지 않고 다양한 분야와 연계되고 있다.

'가벼움'이 필요하다

건축은 시대에 따라 변화한다. 건축물이 영원하든 그렇지 않든 중요한 점은 의식주의 하나로써 삶에서 중요한 부분을 차지한다는 거다. 사람들의 삶이, 사회가 변화함에 따라 건축도 함께 변화하는 게 당연하다. 그러면 우리는 이런 변화에 어떻게 대응해야 할까?

우선 건축은 가벼워져야 한다. 건축에서 무거운 역사적·관념적인 담론을 논하기보단 상업적 디자인이든, 임시 설치물이든, 대중가요처럼 가볍고 신선해질 필요가 있다. 전 세계에 지어지고 있는 동시대 건축물의 얕고 넓은 사례들을 수용하고, 이를 기반으로 새로운 건축에 도전해야 한다. 가벼운 아이디어를 내고, 쉽게 디자인해야 한다. 이제는 불멸의 역사적 작품을 만들 수도, 그럴 필요도 없다.

더불어 한 사람이 모든 걸 디자인했다는 '작가주의'에서 벗어나야 한다. 건축가의 '가오'가 통하던 시대는 지났다. 건축가의 리더십은 필요하나 지금의 세분화된 작업 방식에서 건축가 혼자 모든 일음 다 할 수도, 다 할 필요도 없다. 이제 디자인은 기존 것을 응용하고 여러 사람과 협업하는 과정이다. 이전처럼 한 건축가의 작품만이 중요한 게 아니다. 작가 개인이 번뜩이는 아이디어로 세상에 없던 것을 창조하던 시대는 지났다. 이 시대의 위대한 작품은 다른 사람이 그려 놓은 좋은 스케치에서 시작될 수도, 주변 동료들과의 토의에서 나올 수도 있다.

사회가 급속도로 변화함에 따라 세대 간 갈등이 생겨나는 것처럼 건축계 내부에서도 기존 관점과 방식을 고집하는 경우가 많다. 그러나 한 가지는 분명하다. 건축은 사회의 일부이기에 변화를 읽고 이를 적극적으로 받아들일 때, 그리고 스스로 혁신하고 새로운 영역을 개척하고자 할 때 시대를 앞설 수 있다.

2

실천

여기서부터는 내가 진행해 온
프로젝트 이야기다.
하지만 나의 포트폴리오나
작품 모음집은 아니다.
현실의 벽에 부딪히며
끊임없이 도전했던
그 실천 과정을 담았다.

Implement

지하 공간의 재발견

서울의 일일 지하철 이용객은 500만 명이 넘는다. 인구를 1,000만 명으로 보면 시민 2명당 1명은 매일 지하철을 이용한다고 볼 수 있다. 우리는 지하철을 이용하기 위해 지상에 노출된 '캐노피'를 거쳐 계단 혹은 에스컬레이터를 통해 지하 1층의 '대합실'로 내려간다. 대합실의 상점과 매표소 등을 거쳐 개찰구를 통과하여 지하 2층에 있는 '승강장'으로 내려가서 열차가 오기 전 평균 5분의 시간을 보낸다. 아무리 이동 및 대기 시간이라고 하여도 지하철을 타고, 내리고, 나오는 시간을 합치면 하루 10~20여 분의 시간을 지하 공간에서 보낸다. 그렇다면 이미 우리의 일상이 되어버린 이 지하 공간에 대해 우리는 얼마나 알고 있을까?

방치된 지하의 공공공간

지하철 역사는 시민에게 개방된 공공공간으로 도시의 어느 공공공간보다도 압도적으로 가장 큰 규모를 자랑한다. 특히 우리나라에서는 전시 상황에서의 벙커 역할을 고려하여 지하철 지하 1층에 대규모 대합실 공간을 두어 왔다. 일상적 이동뿐 아니라 피난 상황까지 고려한 거대한 대합실과 승강장 공간은, 그러나 어떠한 공공공간보다도 방치되고, 낭비되고, 버려져 있다. 과연 그 정도는 얼마나 심각할까?

　지하철 지하 공간은 불특정한 시민이 이용하기 때문에 다양한 시설이 요구된다. 역무실·매표소·교통카드 충전기·기계실·전기실·개찰구·엘리베이터·계단실 등 지하철 운행에 필요한 시설 이외에 화장실·매점·휴게공간·쓰레기통 등 대중의 이용 편의를 위한 시설도 필요하다. 거기에 물품보관소·소화전·분전반·대피소·안내판·자판기·온갖 광고판 등이 여기저기 들어차 있다. 결국

산만하게 방치된 지하철의 기능 및 유지 관리 시설들
지하철 1호선 서울역

수많은 잡동사니와 생활형 물품으로 도배되고, 방치된, 버려진 공간이 된다. 강남역·서울역과 같이 사람이 많이 모이는 역일수록 이러한 현상은 더 심화된다.

이렇게 난장판이 되어가는 지하 공간의 현실에 아무도 관심을 두지 않는다. 이동과 대기가 목적인 공공공간에 디자인은 사치가 된다. 전체적인 공간 코디네이터는 존재하지 않는다. 단지 서울교통공사의 유지 관리를 위한 기능이 최우선이고, 시민의 안전과 편의를 위한 시설은 온갖 잡동사니와 뒤섞인 채 비어 있는 공간에 놓일 뿐이다. 문제는 거기서 끝이 아니다. 많은 시민이 오가는 공간의 빈 벽은 광고판으로 도배된다. 광고는 서울교통공사의 짭짤한 수익원이기에 공간의 상업적 활용은 불가피하다. 그러나 문제는 공간적·환경적 조율 없이 무분별하게 남발된 무질서다.

서울교통공사의 가장 큰 수익원이 되는 광고 및 상업 시설
지하철 1호선 서울역

관리자 중심, 토목 중심의 공간 설계

일반적인 건축설계는 사용자를 중심에 두고 건축을 고민한다. 사용자의 요구사항을 우선 파악하고, 기능과 동선을 적절히 담아내어 공간을 설계하는 것이 기본이다. 설계도 공사도 건축이 중심이 되어 진행되고, 토목은 기초를 파고 흙막이를 하는 등 건축 공사를 지원하는 역할을 한다.

그러나 우리나라 지하철 역사 내부 공간은 그 반대다. 관리자 중심이자 토목 중심의 공간으로 설계된다. 지하철 역사의 공간설계는 관리자의 요구사항, 즉 서울교통공사가 우선하는 기능이 중심이 되어 이루어진다. 그중 가장 큰 비중을 차지하는 것은 토목 공사다. 지하 공간은 땅을 파는 것이 우선이기에 당연할 수 있다. 그러나 국내 지하철 공사의 문제는 토목의 관점에서 단순하게 네모반듯한 거대 공간만 만들어 놓는다는 점이다. 그렇게 만든 공간의 틀 안에 역무실·개찰구·계단실·화장실·기계실·전기실·상업시설 등 기능적·수익적 요소를 구획하여 배치한다. 건축은 그 구현을 위한 칸막이 공사와 마감 공사가 전부가 된다.

그렇게 마구잡이로 지어진 후, 수십 년의 시간이 흐른 지하철 역사에는 세월의 흔적이 고스란히 남겨진다. 디지털 안내판·신호기·자판기·통신시설 등 세월이 흐

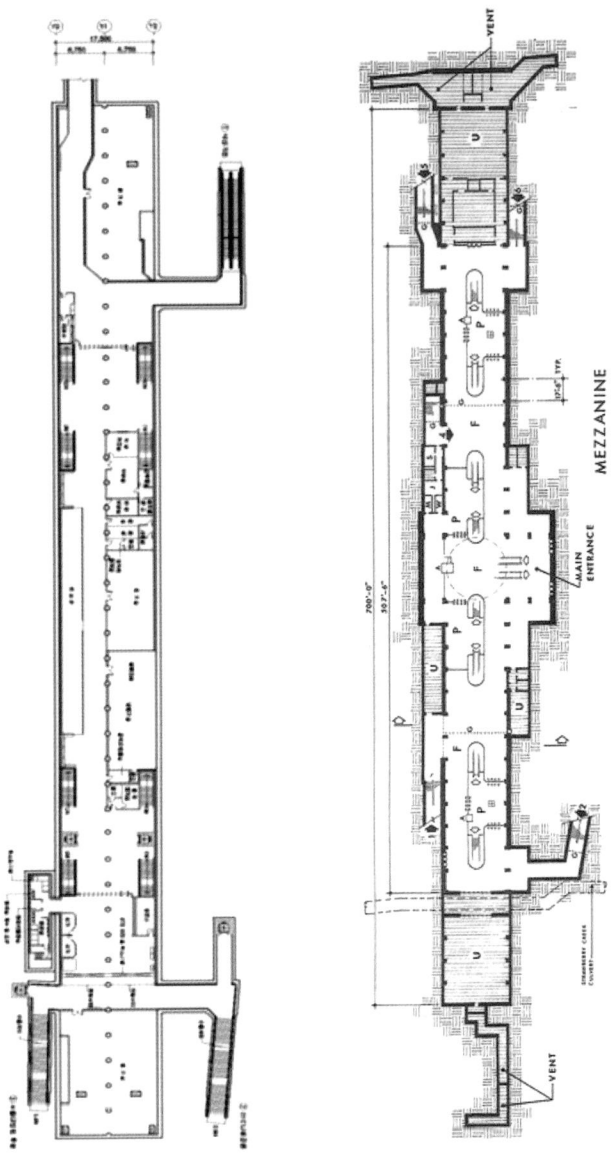

국내외 지하철 역사 평면도 차이
지하철 4호선 혜화역 대합실(좌) / 미국 샌프란시스코 버클리역(우)

름에 따라 버려진 요소는 방치되고, 새로운 요소들은 그 위에 설치되며 그 공간은 누더기가 된다. 사람들의 시선이 머무는 공간은 여지없이 온갖 광고판과 상업시설로 도배된다. 시민들이 쉬어갈 수 있는 공용 휴게 공간은 노숙자 문제와 유지 관리의 어려움을 이유로 의도적으로 배제한다.

상황이 이러하다 보니 지하철 역사의 공사는 흔히 아는 업체만 할 수 있다. 서로를 잘 이해한다는 미명 하에 토목·건축·전기·기계·소방·안내 표지판까지, 각 분야별 지하철 공사 전문 업체들이 존재한다. 그러다 보니 서울시 어느 지하철 역사나 공간·재료·마감재가 다 비슷비슷하다. 공식 입찰 과정을 거치긴 하나 암묵적인 독과점 시장이 만들어지고, 무미건조하고 지루한 우리나라 지하철 역사 공간은 수십 년째 바뀌지 않고 있다.

지하철 1호선 서울역 리모델링 및
문화예술철도 조성사업

지하철 1호선 서울역은 1974년 개통 이후 지난 50여 년간 수많은 변화를 거듭해 왔다. 제한된 지하 공간 내 무분별한 기능적 증축, 즉흥적이고 부분적인 마감재 교체, 통제 불능의 광고판 및 안내 시설로 내부 공간은 정체성과 일관성 없이 관리되어 온 우리나라 지하철 역사의 열악한 현실을 극단적으로 보여주고 있다.

서울시는 '지하철 1호선 리모델링 및 문화예술철도 조성사업'을 통해 서울역을 포함한 5개 노후 지하철 역사를 건축가들과 함께 리모델링하고자 하였다. 나는 설계 공모를 거쳐 '서울역 리모델링'에 당선되어 프로젝트를 진행하였다. 무질서와 산만함이 가득한 역사 지하 공간은 그 무엇보다 일단 정리가 필요하였다. 버릴 것은 과감히 버리고, 썩은 곳은 잘라내고, 전체 공간을 아우르는 하나의 원칙이 필요하였다. 이곳은 단순한 환경미화적 디자인보다 전체 역사에 대한 공간적 코디네이션이 절대적으로 필요하였다.

대상지는 지하 1층의 대합실, 지하 2층의 승강장, 서울역 광장으로 이어지는 캐노피였다. 대합실은 크게 4호선 및 GTX 연결부, 서울역 인근 남북을 연결하는 지하통로로 이루어진다. 연결부는 보다 개방적으로 재조직하여 서로가 서로를 바라볼 수 있는 만남의 공간으로 만들어 주고자 하였고, 연결 통로는 서울역의 정체성을 살린 테라코타 재료를 활용한 하나의 연속적 벽체와 천장의 흐름으로 정리해 주고자 하였다. 또한, 이곳을 온갖 설비적 요소와 광고로 뒤덮인 곳으로 설정하고, 기존에 남발된 수많은 기능적 요소를 담아내어 향후에도 질서 있고 깔끔한 공간이 될 수 있도록 하였다. 더 나아가 지

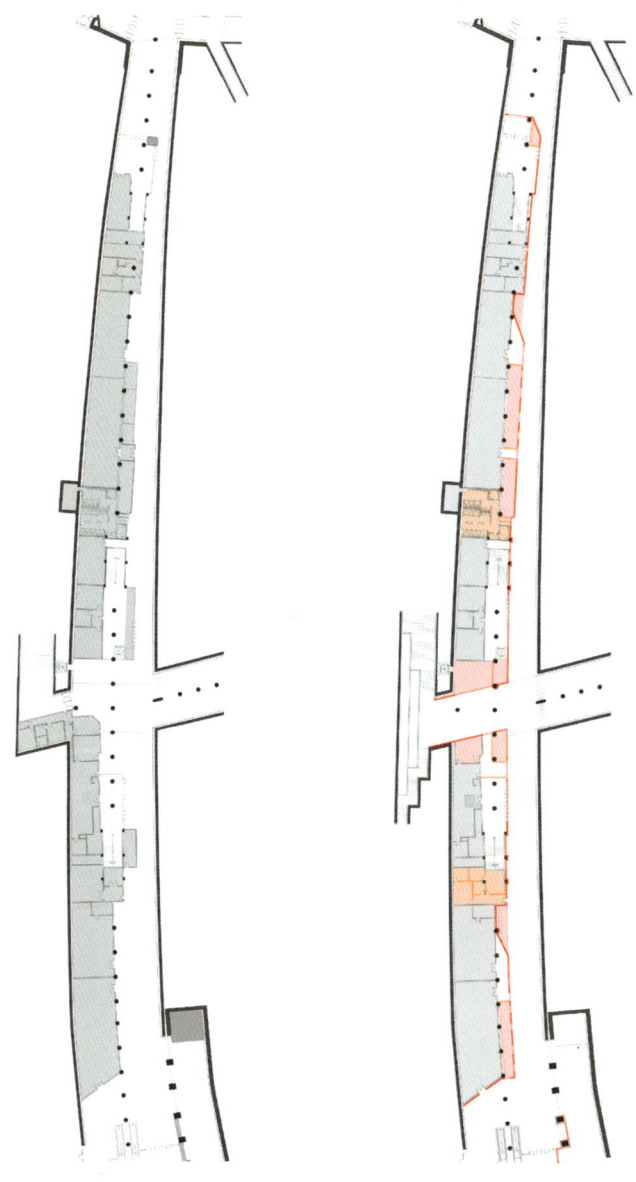

지하철 1호선 서울역 리모델링 설계
대합실 변경 전 평면(좌) / 변경 후 평면(우)

지하철 1호선 서울역 리모델링 설계 최종 변경 후
대합실(좌) / 승강장(우)

하 공간에서의 디자인 정체성은 그대로 지상 캐노피로 이어져 서울역 광장에도 긍정적 영향을 끼칠 수 있도록 하였다.

    이 프로젝트는 1년 여의 설계 기간을 거쳐 실시 설계까지 모두 완료되었으나, 시장이 바뀌고 난 후 정치적인 이유로 중단이 되었다. 매번 정권 변화에 따라 이렇게 엎어지는 프로젝트가 한둘이 아니니 새삼 새로울 것도 없다. 건축이, 공간 디자인이 정치와 무슨 관련이 있단 말인가? 지자체 정당의 색이 바뀌었다는 사실이 50여 년 된 지하철 1호선 서울역 공간 개선의 필요성과 그 건축적 결과물을 부정할 정도일까? 이러한 현실이 안타까울 뿐이다.

지하 공간의 변화를 기대하며

시민들의 공간이 중심이 되어 지하철 역사 공간을 설계할 수는 없을까? 건축이 중심이 되어 설계하고, 토목이 이를 맞추어 가는 지하철 역사 공간은 국내 현실에서는 불가능할까? 시간이 흘러 무질서해지기 쉬운 지하 공간이 디자인 코디네이터를 통해 체계적이고, 질서 있게 관리될 수는 없을까? 지하철 역사 공간이 단순히 지나치는 공간이 아닌 조금 더 머물고 싶고, 머물 수 있는 공간이 될 수 없을까? 각 지하철 역사가 그 지역을 대표하는 고유의 차별화된 공간 디자인을 가질 수는 없을까? 정권이 바뀐다고 하루아침에 심혈을 기울여 완성된 건축가의 설계가 한낱 휴지 조각이 되어 버리는 어이없는 행태는 근절되어야 하지 않을까?

   흔히 공공디자인을 보면 그 나라 문화의 수준을 알게 된다고 한다. 나는 오늘도 지하철을 타기 위해 지하 공간을 지나며 많은 생각과 함께 아쉬움에 잠긴다.

리모델링 : 최선과 차선의 건축

리모델링의 목적은 다양하다. 낡고 노후화된 공간을 개선하고 변화된 프로그램을 담기 위한 기능적 목적, 신축보다 저렴하고 빠르게 건축을 하고자 하는 경제적 목적이 있기도 하다. 또한, 오래된 건축물의 역사적 가치를 보존하려는 문화적 목적, 특정한 장소성 혹은 사회적 의미를 지닌 공간을 리모델링을 통해 그 의미를 부각하는 사회적 목적이 있기도 하다.

    목적이 다양하다 보니 과정과 결과에 대한 평가도 상대적이고 주관적일 수밖에 없다. 어떠한 입장에서는 잘 되었고 성공적이라는 리모델링도, 다른 시각으로 보면 매우 불편하고 부적절할 수 있다. 가령 공간적으로 잘 된 리모델링도 사회적으로는 잘 되었다고 볼 수 없는 경우도 많다. 또한, 기존 건물의 설계도서가 부족하거나 건물 현황이 도서와 다른 경우도 빈번하다 보니 공사가 계획대로 안 되는 경우도 많고, 다급한 설계 변경으로 디자인이 크게 틀어지는 때도 많다. 결국 리모델링의 결과물은 건축가에게 언제나 최고의 결과물이기보다 최선과 차선의 건축이다.

은밀한 음지의 공간

남산 자락 밑 그늘진 사이트는 과거부터 은밀한 음지의 공간이었다. 시내 중심부에 위치했음에도, 남산 1호 터널 입구 바로 앞 사각지대에 위치하고 등산로와 동떨어져 있어 시민들은 그 존재를 거의 인지하지 못한다. 그래서인지 그곳에는 과거부터 안기부 건물과 보안 시설물들이 비밀스럽게 위치해 왔다. 이 건물도 1970년대 말, 당시 김재규 중앙정보부장이 지시해 안기부 체육관으로 지어져 군인들의 실내 체육시설로 활용되어 왔다.

1995년 서울시로 소유권이 넘어오면서, 시는 이후 남산 실내 테니스장이라는 용도로 활용해 왔다. 이 당시에도 비밀스럽고 은밀한 건물이라는 이곳의 장소성은 변하지 않았다. 일명 '황제 테니스'로 알려진 유명 정치인들의 비공개 실내 테니스장 및 비밀스러운 사교의 장으로 사용되곤 하였다. 2000년대 중반에는 뉴스에 오르내리며 논란을 빚기도 하였다.

안기부 체육관에서 유명 정치인들의 비공개 실내 테니스장으로 활용된 남산 체육관

시는 2007년 창의적인 시민 문화 기반 조성이라는 명목으로 기능과 용도를 바꿔 이 건물을 '남산창작센터'로 리모델링하였다. 기존의 체육관이라는 대공간을 활용하여 공연장·음악 연습실·부대시설을 갖추고 문화 예술 공연을 지원하는 시설로 변경하였다. 그러나 당시의 리모델링은 파티션 설치 및 인테리어 공사로 한정되어 답답하고 밀폐된 내부 공간과 비효율적인 동선은 개선되지 않아 활용도가 떨어지는 엉성한 결과로 연결되었다. 사람의 발길이 거의 없는 급속히 노후화된 시설은 얼마 못 가고 변화를 필요로 하였다.

2021년 코로나 팬데믹으로 비대면 공연 문화가 확산하고, 영상 콘텐츠 제작 및 온라인 미디어 시장이 급속도로 커지면서 영상 창작 센터의 수요가 급증하였다. 이에 시는 기존의 '남산창작센터'에 공연 시설과 함께 시민들을 위한 영상 콘텐츠 제작 스튜디오를 넣어 '남산XR 스튜디오'로 새롭게 리모델링하고자 하였다. 이와 함께 범지구적인 기후 변화에 대응하여 탄소 중립을 지향하

기존 대공간을 활용하여 공연장, 연습실로 리모델링된 남산창작센터

는 건축을 위해 제로에너지 리모델링을 추진하였고, 이 건물은 내가 서울시 제1호 제로에너지 리모델링 시범 사업 공모전을 통해 당선되어 설계가 진행되었다.

프로젝트의 출발점
이 건물은 사회적·문화적으로 보존 가치를 지닌 건물은 아니었다. 따라서 공모 당시 리모델링의 목표는 당초 체육관으로 지어진 대공간이 지닌 장점을 최대한 살리고, 단점을 보완하는 경제적 리모델링이었다. 건물의 바뀌는 용도에 따른 기능적 요구사항을 충족시키면서 공간적으로는 기존 건물에 대한 최소한의 개입으로 최대의 효과를 내는 효율성을 목표로 하였다.

이 프로젝트는 '공간 안에 공간'이라는 개념으로 기존 건물의 원형을 최대한 유지한 채 대공간 안에 기능적 공간들을 넣고, 나머지 수직 보이드 공간을 시민에게 열린 공용 공간이자 친환경 아트리움으로 만들어 주는 것이었다. 따라서 프로젝트의 핵심은 시민들을 위한 공용 공간을 계단식 관람석과 연계하여 수직적 쉼터로 만들고, 이 공용 공간을 하늘로, 남산으로, 내부 공연장으로 열어주는 것이었다. 즉 대공간의 장점을 활용하되 남산 자연의 흐름을 폐쇄적인 건물의 내부로 끌어오는 것이었고, 은밀한 음지의 공간을 시민들이 누구나 찾아와 공

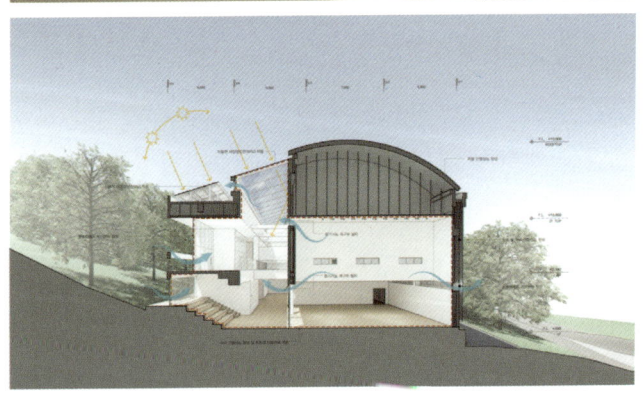

대공간에 수직 아트리움을 넣어 남산의 흐름을 내부로 끌어들이고자 한 공모안

연 문화를 즐기고 쉬어갈 수 있는 개방적인 양지의 공간으로 만들어 주고자 하였다.

기형적 프로그램과 공간 구성

프로젝트는 공모전 당선 이후 수차례의 설계 변경을 거치게 된다. 당초 누구에게나 열린 공연장과 스튜디오를 같이 겸하고자 했던 프로그램은 설계 과정에서 대형 스튜디오 설계로 변경된다. 당시 팬데믹으로 인해 대면 공연 문화에 관한 부정적 전망이 지배적이 되면서 시는 갑자기 비대면 촬영 스튜디오와 그 부대시설로 프로그램을 변경해 버린다. 그러면서 시민들을 위한 공용 공간과 개방적 프로그램은 설 자리를 잃었고, 창호 하나 내지 못하는 밀폐된 공간 설계를 요구하였다.

 게다가 높이 12m의 대형 공간을 고려치 못했던 시의 사업비 부족으로, 여러 번의 설계 변경을 거쳐 외관 변화 없이 내부 리모델링 위주의 프로젝트로 규모와 범위가 축소되었다. 그럼에도 나는 방문하는 시민들을 위한 수직적 공용 공간의 콘셉트를 지켜가고자 다양한 안을 제시하여, 최종 설계안에 미약하게나마 담아냈고, 당초 6개월이었던 설계 기간은 1년 넘도록 진행되었다.

차선으로써의 리모델링

리모델링에서의 '최선'은 불편한 조건들을 감수하고 어쩔 수 없이 선택하는 '차선'이 된다. 결과적으로 건물 내부에는 기능적 필요에 따라 방음벽으로 밀폐된 대형 스튜디오(VFX 스튜디오와 XR 스튜디오)를 품게 되었다. 그리고 녹음실·편집실·분장실·사무실 등 부대시설들이 스튜디오 주변으로 위치한다. 이러한 기능적 공간들 이외에 확보한 공간을 남산의 자연으로 최대한 열어주고, 기존 체육관 관람석을 수직으로 터서 수직적 공용 공간을 조성하였다. 결과적으로 촬영 스튜디오라는 폐쇄적 건축물이 되었으나 방문하는 시민들에게 휴식과 체험의 입체적 여유 공간을 제공하고자 하였다. 그리고 발주처의 의도에 맞추어, 기존에 낡고 노후화되었던 건물을 내단열·외단열·신재생에너지 적용 등을 통해 에너지 효율등급 및 제로에너지 인증 친환경 건물로 탈바꿈하였다.

아쉬움과 안타까움의 결과

나는 과거 안기부 시절부터 권력자들의 비밀스럽고 은밀한 문화 체육 공간이었던 이 건물이 시대적 변화에 맞추어 밝고, 개방적으로 열린 문화 공간이 되었으면 하였다. 지난 반세기의 어두운 역사를 간직한 곳이니 오히려 이 건물이 당초 설계 의도를 고스란히 담아 새 시대에 걸맞는 밝고, 개방적 공간이 되었으면 어땠을까? 적어도 공모전 이후 프로그램 자체를 바꾸는 불합리한 행정과 턱없이 부족한 사업비 산정이 아니었다면 이 공간이 더 나아지지 않았을까?

현재 이 건물은 '남산XR스튜디오' 라는 이름으로 2024년 개관하여 전문 스튜디오 공간으로 대행 업체가 위탁 운영하고 있다. 주로 영상 촬영 업계에서만 그 존재를 알고 있으며, 해당 분야 관계자들만이 업무차 방문한다. 프로그램 특성상 밀폐된 공간이며, 방문객이 제한적이기에 공용 공간의 활용도 기대만큼 원활하지 않은 듯하다.

시대와 사람, 건물의 용도와 기능은 변화하였으나 아이러니하게도 본 장소는 여전히 은밀하고 폐쇄적이다. 참여 건축가로서 썩 내키지 않는다. 건축가가 아닌 시민의 한 사람으로서, 이 건물이 머지않은 미래에 언젠가 시민들이 마음 편히 찾는 열린 공간, 밝은 공간으로 바뀌기를 바라 본다.

외관의 큰 변화 없이 내부 리모델링 위주로 완성된 스튜디오 공간

초기 콘셉트를 유지한 수직 아트리움과 개방적 공용 공간

관공서 건축하기

건설 시장은 크게는 민간과 공공으로 나뉜다. 둘의 비중은 경기가 좋을 때는 7대 3, 경기가 안 좋을 때는 6대 4 정도다. 그중 주거와 비주거가 5대5 정도로, 전체 건설 시장의 20%가량이 비주거 공공건축물, 즉 관공서 건물이라고 볼 수 있다. 공공발주는 경기에 영향을 거의 받지 않고 예산 집행이 안정적이다. 특히 자본·실적·경험이 부족한 중소 규모 건설사와 설계사무소들은 불안정하고 저가 경쟁하는 민간 시장보다 예산이 안정적으로 확보되어 있고 업무 대가가 정해진 공공발주 시장에 더 크게 의존하는 경향이 있다.

이러한 공공건축 시장에서 발주되는 대부분의 설계 용역, 즉 설계비 1억 원 이상의 모든 설계 용역은 2020년부터 건축서비스산업진흥법에 의해 공모를 통해 진행된다. 공정성과 투명성을 위해서라도 누구에게나 무조건 열린 공모가 만능이 아니라는 나의 주장은 앞선 글에서 다뤘기에 이어지는 글에서는 공모 이후 진행되는 관공서 건축의 과정에 대해 다루고자 한다.

이상적 건축 공모안의 시작

이 프로젝트는 세종시 금남면에 위치한 금남면 복합 커뮤니티 센터로, 일명 '복컴'이라 불리며 10여 년 전부터 전국적으로 수없이 많은 지자체가 발주하는 전형적인 관공서 건축의 한 유형이다. 내가 수년 전 설계 공모를 통해 당선되어 설계를 완료하였고, 현재 공사가 막바지 단계다. 과거 면사무소의 행정기능을 주민 복지 및 편의 시설과 통합하여 만드는 주민 행정 복합 센터로, 이 건물은 면사무소·보건소·작은 도서관·체육관·대강당·주민자치 시설·문화 교실 등의 프로그램을 담는다.

이 건물은 지역 주민들을 위한 행정 시설이자 커뮤니티 시설이기에 나는 건축가로서 가변적이고, 개방적인 지역의 랜드마크를 만들고자 하였다. 이러한 방향을 구현하고자 테라스·필로티 등의 개방적인 외부 공간 요소의 활용을 극대화하여 설계를 진행하였다. 대지 주변 거리를 따라 가로 공원을 조성하고, 이를 필로티 공간을 통해 건물의 앞마당으로 이어주었다. 이는 각 층의 테라스 공간이 자연스럽게 건물 상부로 연결되도록 하기 위함이었다.

설계 공모 최초 당선안

관료주의가 만드는 중재안

일반적으로 설계 공모안은 현행 법규의 테두리 내에서 이상적인 건축가의 의도를 담게 된다. 일반적으로 설계가 진행되면서 여러 사유로 인해 공모전 당선안은 많은 변화를 겪게 되고, 안타깝게도 대부분은 당초 의도와 무관한 방향으로 흐른다. 이 프로젝트 역시 설계가 시작되면서 발주처 주무관 및 사용자와의 협의를 통해 여러가지 변경 사항을 주문받았다. 그 과정에서 발주처가 주로 요청하는 내용은 안전·유지 관리·운영·민원 등을 이유로 한 관료주의적 디자인 변경이었다.

프로젝트는 시작부터 가장 큰 변화를 겪었다. 유지 관리 및 보안 문제로 건물 테라스와 지상층의 연결부가 제거되었고, 폴딩 도어 역시 삭제되었다. 개방 시간 외 사람들이 테라스로 올라갈 수 있다는 이유로, 그것이 관리가 안 된다는 이유로 가장 먼저 계단과 폴딩 도어 관련 내용은 지워졌다. 모든 층이 외부로 열려 있고, 유기

건물 내외부 연계, 테라스와 지상층 연결이 모두 삭제된 설계 진행안

적으로 서로 연결된 테라스, 즉 개방과 연계의 공간이 핵심이었던 이 프로젝트에서 아쉽게도 그 핵심이 빠지니 테라스는 고립되었고, 내외부 공간은 단절되었다.

예산과의 싸움이 만드는 최종안

일반적으로 설계가 진행될수록 발주처의 요구사항은 점점 많아진다. 이 프로젝트도 추가적으로 각 공간에 대한 세부적인 인테리어 디자인까지 요청받으면서 조금이라도 더 질 좋은 공간을 설계하고자 하는 직업병적인 열정에 구체적인 공간 디자인뿐만 아니라 가구·조명·조경까지 포함한 세밀한 설계를 진행해 나갔다.

그러나 디자이너로서의 열정을 가로막는 두 번째 장애물을 만났으니, 바로 예산과의 싸움이다. 보통 건축 프로젝트는 공모전 공개 전에 미리 사업비가 정해진다. 관공서의 사업 기획 단계에서 유사 사례들을 기반으로 하여 건설 공사비 지수라고 하는 건축·건설 분야의 물가 상승 지수를 반영한 금액으로 윤곽이 잡힌다. 그런데 대부분의 관공서는 사업비를 최소화하기에 이상적으로 제시된 공모 당선안, 공모 이후 디자이너의 열정이 들어간 설계 진행안은 목표 공사비를 초과하기 쉽다. 건축설계 일의 태생적 문제점이기도 한, 설계 단계의 막바지에 내역(견적)을 내보기 전까지 구체적인 공사비 예측이 어렵다는 점 때문이다.

    결국 최종 설계안은 예산과의 싸움으로 결정된다. 지자체장 혹은 힘 있는 누군가가 밀어주는 프로젝트는 예산 증액이 되기도 하나 대부분은 설계 과정 막바지에 초과된 내역을 확인하고 나서야 예산을 맞추기 위해 디자인을 삭제하고 수정한다. 결국 공공건축에 있어서 설계의 마무리는 예산이고, 그것에 의해 재료 및 마감 등이 최종 결정된다.

    이 프로젝트 진행 당시 몇 년간은 공사비가 유례없이 상승하던 시기였다. 초기 사업 기획 시점과 공사 발주 시점 사이에 공사비가 1.5배 가까이 상승했으나, 그에 대한 고려와 예산 증액은 없었다. 결국 구체적인 설계까지 다 해 놓은 인테리어·가구·조명·조경 등 많은 세부 디자인 요소가 삭제되고, 밋밋하고 재미없는 관공서 건축물로 설계가 마무리되었다. 공사비는 항상 올라가고 발주처는 예산을 넉넉하게 잡지 않기에 관공서 건축에

테라스 조경, 대지 경계 연계부, 내부 마감까지 모두 삭제된 최종 설계안

있어서 이러한 사례는 어느 정도 일반적이다. 다만 오랜 기간 정성스럽게 디자인하여도 수많은 것들이 빛을 보지도 못하고 사라져야 하는 현실이 안타까울 뿐이다.

공무원스러움의 답답함

관공서 설계에 있어서 상대는 공무원이다. 나도 건축 일을 하면서 공무원을 숱하게 상대해 왔다. 우리나라 공무원은 순환 보직을 전제로 한다. 보통 2년 주기라 하나 지자체 장 교체·부서 이동·인사 관리 등 여러 이유에 따라 1년도 채 안 되는 경우가 태반이고, 경우에 따라서는 수개월 만에 담당자가 바뀐다.

상황이 이러하다 보니 모든 공무원이 그러한 것은 아니나 소위 '공무원스러움'이 생기게 된다. 맡은 일에 대한 책임감과 전문성은 덜할 수밖에 없고, 태도 자체가 본인이 책임지지 않을 일을 만드는 것, 최대한 민원 혹은 문제 발생 없는 안정 지향형이 될 수밖에 없다. 아무리 짧아도 설계부터 준공까지 2~3년이 걸리는 건축 프로젝트의 경우 설계 초기부터 준공까지 적게는 2~3명, 많게는 4~5명의 감독관이 거친다.

아무리 인수인계가 잘 되고 맡은 바 업무를 성실히 수행한다 하여도, 공무원의 입장에서도 해당 업무의 시작부터 끝까지의 전 과정을 알 수도, 해당 일에 대한 책임감과 성취감도 적을 수밖에 없다. 상황이 그렇기에 공무원의 공무원스러움이 답답하고 불편하나 이해는 간다. 아무리 순환 보직의 장점이 있다고 하나 긴 건축 과정을 관리해야 하는 건축 담당 공무원은 적어도 예외적인 적용을 할 필요가 있지 않을까 한다. 건축가와 책임감과 성취감을 함께 느끼며 진행할 수 있도록 환경이 조성되어야 한다.

이상적인 관공서 건축

이상적인 관공서 건축은 없다. 안전·유지 관리·예산·관행·입찰 등 수많은 제약 조건이 발목을 잡는다. 관공서 건축에서 완성도 높은 멋진 작품이 나오기 힘든 이유이기도 하다. 그러나 이상을 좇고자 노력하는 관공서 건축은 있다. 건축가의 노력과 헌신도 중요하나 그보다 중요한 역할은 발주처와 담당 공무원들이다. 발주처와 담당 공무원들이 설계하는 건축가를 신뢰하고 존중하고, 당선작의 원래 설계 의도를 최대한 살리고자 하는 노력이 있기를 기대한다.

막바지 공사 중인 금남면 복합 커뮤니티 센터

공사비 1%의 시장

시내를 걷다 보면 어느 일정 규모 이상의 빌딩 앞에는 예외 없이 조형물이 하나씩 놓여 있다. 아파트 단지에도 누가 만들었을지 모를 크고 작은 조형물들이 여기저기 놓여 있다. 이러한 도심 속 조형물들이 거리의 예술품으로 돋보이기도 하지만, 때로는 흉물로 방치되어 있기도 하다. 왜 여기에 이 조형물이 필요한지, 누가 만드는 것인지, 진정 예술적 가치가 있는 것인지, 도대체 무슨 비용으로 만드는 것인지 의문이 든다.

공사비 1%의 시장

우리나라 건설업계·예술업계에는 '공사비 1%' 시장이라는 것이 있다. 문화예술진흥법 제9조에 따르면 '대통령령으로 정하는 종류 또는 규모 이상의 건축물을 건축하려는 자는 건축 비용의 일정 비율에 해당하는 금액을 회화·조각·공예 등 미술 작품의 설치에 사용하여야 한다'라고 명시되어 있다. 여기서 '일정 비율의 금액'에 대한 세부 내용으로 '건축 비용의 100분의 1 이하의 범위'라는 금액까지 명시된 문구가 있고, 문화예술진흥법 시

정체를 알 수 없는 법규가 낳은 정체를 알 수 없는 거리의 조형물들

행령을 통해 '연면적 1만㎡ 이상'의 건축물이라고 그 대상 규모까지 기재되어 있다. 조형물의 설치 기준을 비용으로 의무화해 놓은 정체를 알 수 없는 이상한 법규다.

즉 건축물의 규모가 1만㎡(3천여 평)이라면 평당 공사비가 평당 1,000만 원(최근 공사비 상승으로 최소 그 이상은 하기에)의 경우 약 300억 원으로 볼 수 있고, 그러한 경우 공사비의 0.7%, 최소 2.1억 원가량의 조형물을 건축물 주변에 의무적으로 설치하여야 한다. 최근 국내 건설시장에서 1만㎡ 이상 대형 건축물 신축 물량은 한 해 2,230건(2023년 기준)으로, 이들 전체 건축물의 평균 면적은 1만 5,000㎡으로 추정된다. 이렇게 볼 때 평균적으로 건축물 평균 최소 3.15억 원이 조형물 설치에 배정되는 비용으로, 산술적으로 한 해 전체 건축 조형물 시장 규모는 7,000억 원을 상회한다. 화랑·경매·아트페어·미술관 등을 종합하여 공개된 국내 미술 시장 총 규모가 2023년 기준 6,695억 원으로 발표된 사실을 보면 건축 조형물 시장이 얼마나 큰지 알 수 있다.

음지의 시장

문제는 이 시장이 온갖 불법과 전횡이 판을 치는 음지의 시장이라는 점이다. 건축주는 정해진 금액을 조형물에 써야 하고, 조형물이란 '예술'이라는 명목으로 정해진 가격 없이 부르는 게 값이다. 각 지자체에는 조형물을 심의하기 위한 '조형물심의위원회'가 있고, 이와 결탁한 아트 매니지먼트 회사들과, 그에 속하거나 결속한 작가들이 있다. 이러한 구도는 그들만의 시장을 만든다. 예를 들어 건축주가 아트 매니지먼트를 통해 3억 원의 조형물 비용을 쓴다고 가정하자. 아트 매니지먼트사는 1억 원만 작가료와 제작비에 쓰고, 건축주에게는 1억 원을 리베이트로 돌려주고, 1억 원은 중개수수료로 챙길 수 있다. 그들은 '조형물심의위원회'를 통해 지역 예술가 협회와 서로 나누어 먹는 폐쇄적 리그를 만든다. 그러니 거리에는 저비용으로 제작되는 저급 조형물이 넘쳐나고, 이 시장은 그들만의 리그가 되어 있다.

일산 풍동지구 조형물

건축과 예술의 경계에서 여러 디자인 작업을 진행해 왔던 나에게 옥외 조형물은 항상 관심의 대상이었다. 특히 평소 공공영역 디자인과 실험적 공간을 만드는 작업을 중시해 온 건축가로서, 옥외 조형물 작업은 단순한 예술 작품을 넘어 새로운 조형적 아이디어를 탐구할 기회로 보였다. 그러나 일반적인 건축가가 앞서 언급한 폐쇄적인 건축 조형물 시장에 참여하기란 국내 현실에서 거의 불가능하다.

이 프로젝트는 내가 건축가로서 건축 조형물 시장에 도전했던 시도다. 당시 고양시 일산 동구 풍동지구에는 공사비 약 4,000억 원의 대규모 아파트 단지 개발이 진행되고 있었고, 따라서 건축주였던 어느 시행사는 약 30억 원을 조형물 비용으로 써야 하는 상황이었다. 당시 시행사는 수많은 예술가에게 조형물안을 받아 검토하고 있었고, 나도 그중 한 희생양이었다. 시행사의 요구 사항은 아파트 단지 옆으로 조성하는 하천(풍동천) 주변 7개의 조형물, 단지 내 6개의 조형물 등 총 13개의 조형물 디자인이었다. 비록 건축 조형물 시장의 아웃사이더인 건축가로서 시장의 문턱을 넘어서지는 못했다. 그래도 건축가로서 건축 조형물에 대한 '시리즈 연작'안이 지닌 의미는 남다르다.

하나의 스토리, 서로 다른 7개의 형태

이 프로젝트는 아파트 단지 옆으로 흐르는 풍동천 수변 공원에 제안된 '공원 조형물'로 1.6km가 넘는 긴 산책로를 따라 다양한 형태적 아이콘으로 하나의 스토리를 만들어주는 게 골자였다. 발주처로부터 전달받은 '천지창조' 스토리를 담아 자연을 서로 다른 형태로 추상화하여 건축 조형물로 표현하였다.

창세기 1장 '천지창조'의 서사를 담아 제1일에는 빛, 제2일에는 물과 하늘과 바다, 제3일에는 땅과 식물, 제4일에는 해와 달과 별, 제5일에는 물고기와 새, 제6일에는 동물과 사람, 제7일에는 휴식을 표현하려 하였다. 테마에 맞추어 형상화된 조형물을 통해 산책로를 스토리가 담긴 선형 조각 공원으로 만들 구상이었다.

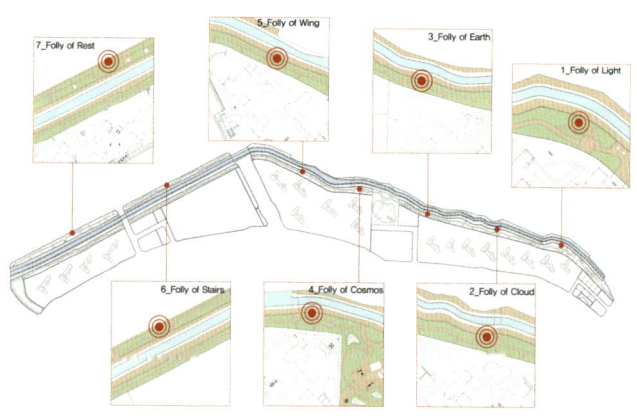

풍동천 수변 공간 산책로를 따라 배치되는 7개의 테마 조형물 시리즈 위치도

천지창조 테마 조형물 디자인

하나의 형태, 서로 다른 6개의 스토리

이 프로젝트는 풍동지구 아파트 단지 내에 설치 제안된 '단지 내 조형물'로, 하나의 형태적 아이덴티티를 공유하면서 다양한 장소성을 제공하고자 제안된 공간 조형물이다. 도시와 자연, 인간과 생태계가 조화를 이루며 함께 피어나는, 지속가능한 도시 개발을 지향하는 의미로 '개화(Florescence)'를 표현하였다. 하나의 면은 꽃봉우리가 개화하듯 자연스럽게 구부러지면서 펼쳐지고 모여들며, 그 내부에 공간을 만들어낸다. 사람들은 멀리서도 이를 마을의 상징적 아이콘으로 알아볼 수 있고, 그 내부는 새로운 세계에 들어온 듯 자연의 공간으로 주민들의 그늘과 쉼터가 된다.

개화는 단순히 꽃의 개화를 의미하지 않고, '자연'이

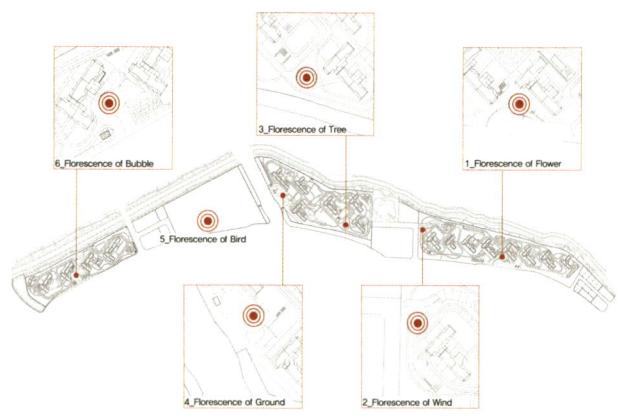

풍동천 아파트 단지 내에 배치되는 6개의 테마 조형물 시리즈 위치도

Florescence 테마 조형물 디자인

피어나는 것을 의미한다. 자연의 여러 요소인 꽃·바람·나무·흙·새·거품 등은 모두 조화롭게 어우러져 하나의 풍경을 이룬다. 상징적 개화의 형태에 6개의 자연이 투영되어 만들어진 서로 다른 조형물은 단지의 아이덴티티이면서 각각의 장소성을 만들어낸다.

업역의 경계 VS 카르텔의 경계

나는 비록 공식적인 예술 작가가 아닌 건축가이지만, 스케일·형태·공간 그리고 재료에 숙련된 설치 작가로서 조형물에 대한 수많은 경험을 해 왔고, 다양한 전시 활동도 수행해 왔다. 실제로 제작·설치까지 진행했어도 충분히 완성도 높은 작품들을 만들어낼 자신이 있었기에 이 시장에 도전하고자 하였으나, 현실의 벽은 생각보다 훨씬 높았다. 결국 안으로 끝났으나 개별 디자인, 그리고 전체 시리즈로서 작품이 지닌 의미는 나에게 중요했다.

    건축과 예술, 건축과 디자인. 건축가로서, 작가로서, 디자이너로서 느끼는 업역의 경계는 매우 모호하다. 오히려 외부 조형물을 디자인함에 있어 공간과 장소를 고민하고, 도시 공공영역의 디자인을 하는 일은 건축가가 예술가보다 어떤 측면에서는 강점을 발휘하기도 한다. 건축가도 충분히 조형물 시장에서 중요한 역할과 많은 일을 해 갈 수 있다고 확신한다.

국내 현실에서 업역의 경계보다 넘어서기 쉽지 않은 것은 그들만의 시장이 갖는 경계다. 그곳은 수천억 원 규모의 이권과 자본이 움직이는 독과점적 음지의 시장이다. 단순히 작품만, 디자인만, 실력만 믿고 도전할 수 있는 안이한 판은 아니다. 이러한 현실은 앞으로, 적어도 다음 세대에는 지양되어야 한다. 건축가든, 디자이너든, 예술가든 업역의 경계를 넘어 창작 활동할 수 있는 기반이 만들어져야 한다.

AI 시대의 건축

요즈음 대세는 AI 기술이라고 이야기한다. AI 관련 산업은 미래 먹거리로 각광받고, 어느 분야든 AI와 관련지어 이야기하면 주목받는다. 컴퓨터·반도체·전자제품·자동차 등 주요 산업들은 물론이고, 음식·채소·과일을 다듬는 일까지도 AI가 하였다고 내세운다. 우리에게 AI는 기술적 트렌드를 넘어 사회적 광풍이다. 상황이 이러하다 보니 건축도 예외는 아니다. AI를 활용한 건축에 대한 논의는 오래전부터 진행되어 왔다. 부동산 산업에 빅데이터와 AI 기술을 활용하여 혁신적 서비스를 제공한다는 프롭테크(Proptech) 산업은 이미 10여 년 전부터 주목받아 오고 있다. 최근에는 AI가 진짜 설계를 해준다는 꿈같은 이야기도 들린다.

과연 AI가 건축설계를?
설계는 계획이다. 사이트에 대한 모든 변수와 건축을 둘러싼 모든 상황을 종합하고 판단하여 모두가 만족하는 최선의 안을 도출하고 계획하는 복잡한 사고 과정의 종합적 결과물이다. 합리적·논리적 사고의 결과물이면서

AI로 그려내는 건축 프로젝트 사례

감성적·창의적 창작물이기도 하다. 그렇다면 AI는 어디까지 설계할 수 있을까? 한 마디 하면 원하는 것을 바로 만들어내는 도깨비방망이라고 봐도 무방한가? AI가 건축가를 대체하는 것일까?

이름 없는 디자이너 AI

이 프로젝트는 내가 AI를 활용하여 디자인한 소규모 프로젝트다. 이화여대 학관에 설치된 '디자인월'로 설치 공간은 기존 건물을 리모델링 및 증축하면서 새로 탄생되었다. 기존 건물과 증축 건물 사이에 수직 공간, 즉 높이 16.8m의 빈 벽체와 그 하부 라운지를 대상으로 하였다. 디자인월을 통해 새로 조성되는 공용 라운지를 이화여대의 상징적 공간으로 만들고자 하였다.

학교의 상징인 배꽃의 이미지를 기본으로 하였고,

AI 기술을 활용하여 변형된 그래픽 이미지를 수없이 많이 생산해 낼 수 있었다. 공공공간이기에 디자인 저작권에 문제가 없어야 하였고, 특정한 이미지라기보다 커다란 공간 전체를 아우르는 디자인이 필요하였다. 따라서 밀도와 규모가 적절하게 분배되어야 하였다. 이를 위해 원하는 그림을 직접 그리기보다 AI가 만들어낸 다양한 변수의 옵션 속에서 '고르는' 작업으로 디자인을 진행하여 최적의 안을 도출하였다.

이와 함께 별도로 개발한 디지털 알고리즘을 통해 문양을 패턴화하여 곡면 수직 패널에 타공 가공을 적용하였다. 공장에서 무용접, 미세 절곡 프리패브리케이션을 거쳐 완성된 패널은 현장에서 단순 조립되어 손쉽게 설치되었다. AI를 통한 이미지의 변형과 왜곡, 무한 반복과 다양화는 우리에게 이미 익숙해져 있다. 이 프로젝트는 여기에 제작과 가공을 위한 알고리즘을 결합하여 건물 내외장 어디에도 적용 가능한 AI 파사드 프로토타입을 만들기 위한 실험이었다.

첨단 미디어 디자이너 AI
내가 시도한 또 다른 AI 활용 사례로 국립현대미술관 로비에 설치한 '위시트리' 조형물 프로젝트가 있다. 이 프로젝트는 100대의 중고 스마트폰을 통한 미디어 작업

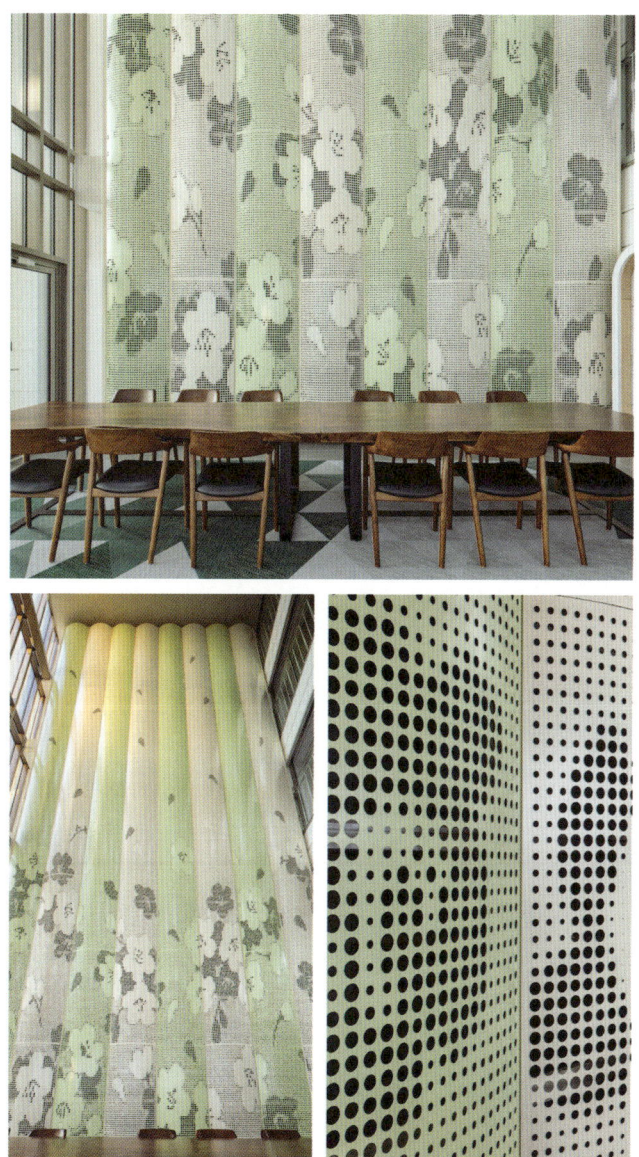

AI 기술을 활용하여 디자인한 이화여대 학관 디자인월

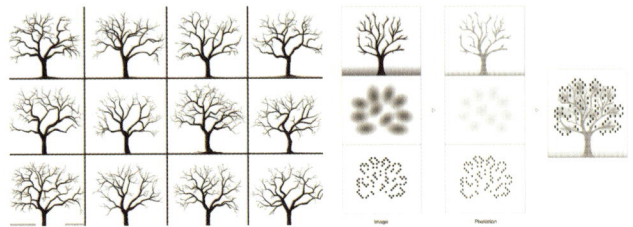

AI 프로그램을 활용한 이미지 생성 및 타공 알고리즘 적용 과정

실제 AI가 적용되어 준공된 국립현대미술관 위시트리

을 담는 디지털 나무 조형물이다. 스마트폰은 현대인의 일상이자 소통의 기억이다. 수만 개의 메시지를 주고받고 버려진 100대의 스마트폰이 위시트리로 재탄생하여 사람들의 소망을 담는다. 사람들이 키오스크에 남긴 소망의 메시지는 개별 스마트폰으로 전송되어 미디어 아트의 일부가 된다.

이 프로젝트는 결과물뿐만 아니라 AI 활용한 디자인의 과정 자체가 전체 작업의 개념적 명분이 되었다. AI를 통해 생성된 나무 이미지, 그리고 여러 번의 알고리즘을 통해 생성된 잎사귀와 열매 등의 요소들이 합쳐져 픽셀화된 디지털 트리 이미지를 만들어냈다. 전체 4.8m x 4.8m 크기의 조형물은 디지털 패브리케이션을 통해 모듈화되어 공장에서 사전 제작되었고, 현장에서는 손쉽게 조립되었다. 여기서 AI는 단순히 디자인을 효율적으로 구사하기 위한 도구의 차원을 넘어 미래 지향적인 첨단 미디어 아트를 만들어내는 개념적 수단이었다.

책임 없는 디자이너 AI

건축가에게 흔하게 들어오는 의뢰 중 하나가 '멋진 그림 하나 그려달라'라는 부탁이다. 규모도, 자금도, 프로그램도 정해지지 않았어도 검토 중인 사이트에 들어설 수 있는 멋진 건축 그림이 있으면 그걸로 누군가에게 투자

받고, 홍보할 수도 있기 때문이다. 건축가에게 그러한 업무는 기획 설계도, 콘셉트 설계도 아닌, 단지 누군가의 꿈을 위한 그림일 뿐이다. 보통 무상 혹은 저비용으로 요청받으니 허탈감만 커진다. 건축가에게 이러한 의뢰는 수용하기 어려운 경우가 많다. 그러나 지인 혹은 연결된 다른 비즈니스 관계로 인해 거절하기 어려워 피치 못하게 수락하는 때가 생긴다.

저작권도 책임감도 필요 없는 이러한 일에는 AI가 유용하게 쓰일 수 있다. 사이트와 프로그램에 대한 조건이 없더라도 AI는 근거 없는 짜깁기로 무책임한 그림을 멋지게 그려낸다. 나도 어느 지인의 지인 부탁으로 어느 정치인의 선거 공약용 그림을 AI를 활용하여 간단히 그려준 적이 있다. 해당 부지의 개발 가능성을 보여주고 대외적으로 홍보하기 위한 목적에 맞춰, 나는 AI를 통해 최대한 외국 유명 건축가가 설계한 듯한 그럴듯한 이미지를 만들어내고자 하였다.

이를 위해서는 사이트의 전경 사진과 AI가 참고할 만한 이미지들의 샘플이 필요하였다. 사이트 사진을 구해 필요 부분을 잘라내고, 이를 검색하여 찾은 다른 디자인 이미지들과 함께 AI로 돌렸다. 몇 초 만에 이미지가 생성되기는 하나, 절대 그럴듯한 결과물이 단번에 나오지는 않는다. 배치하려는 위치에 건물을 적당히 그리고,

이를 합성하여 보정하였다. 이렇게 수십 번을 반복하니 어느 정도 그럴싸한 그림이 나왔다. 이러한 방식은 AI와 끊임없이 소통(?)해야 한다. 번거로움이 크고, 상당한 시간이 소요되었다. 그러나 AI는 책임이 없기에 사람보다 더 과감하고 용감한 디자인을 제안하고, 여러 스타일을 짜깁기하여 쓸만한 디자인을 만들어냈다.

AI 시대의 건축

AI는 이미 우리의 일상에 들어와 있다. 우리는 문제 해결에 있어 빠르고 편한 도구로 AI를 활용하고 있다. 아이디어가 필요할 때는 다양한 스토리의 브레인스토밍을 해주고, 때로는 글을 다듬고 편집하고 요약해 주기도 한다. AI는 수많은 현실 속 변수를 계산하는 등 일상의 복잡한 업무를 대신 수행해 주기도 한다. 그렇다면 건축에 있어서 AI의 한계와 가능성은 무엇일까? AI 시대 건축가의 역할은 무엇이 달라질까?

　　모더니즘 이후 현대 건축의 역사는 다양성이 확대되는 방향으로 발전해 왔다. 특히 디지털 기술의 혁신과 건축의 글로벌리즘이 확산된 21세기 이후 동시대 건축은 다양성이 더 확대되어 왔다. 최근에는 디지털 알고리즘을 통한 형태 및 패턴 생성의 장벽이 낮춰져 디자인 프로세스에 근본적인 변화까지 예견되고 있다. 여기에 AI는 건축가에게 더 많은 옵션을 준다. 딱딱한 정형적 디자인에서 유기적인 비정형 디자인까지, AI는 상황에 따라 수많은 가능성과 기회를 제시한다.

결국 새로운 AI 시대 건축가의 역할은 가치 판단과 전략적 사고다. AI는 기술적 해결과 디자인 수행을 훌륭하게 대행해 줄 수 있으나, 가치 판단과 판을 짜는 것은 못한다. 그 결정에 대한 책임도 지지 않는다. 이를 위해 많은 건축가가 필요하지 않을 수 있다. 소수의 건축가만 생존하며 그들은 프로젝트를 어떠한 방향과 전략으로 진행할지 기획하고, 고민하는 사람들일 것이다.

현충로 항공 사진

AI로 디자인한 문화예술공원안

새로운 디자인 도구, 메타파사드

건축에 있어서 표현 수단은 단순한 도구의 의미를 넘어선다. 앞선 글과 같이, 건축은 기본적으로 전달과 소통을 위한 미디어이기에 건축에서의 표현은 그 과정이자 결과물이다. 표현의 도구는 전통적인 모형·드로잉부터 최근에는 컴퓨터를 활용한 투시도·동영상 등으로 발전해 왔다. 도구가 바뀌면 디자인이 바뀐다. 시대에 따른 디자인 도구의 변화는 디자인 과정과 디자인 방법론까지 변화시켜 왔다.

디자인 도구의 진화

건축은 기본적으로 거대 스케일의 공간을 미리 계획하는 것이므로 특정 도구를 통한 간접 체험을 표현의 목적으로 한다. 이를 위해 모형·투시도·동영상 등 모든 매체를 도구로 활용한다. 그렇다면 간접 체험을 위한 매체 표현에 있어서의 기술적 미래는 무엇일까? 그것은 실사 수준의 정밀한 가상 현실을 통해 지어질 계획 공간을 미리 체험하는 것이라고 할 수 있다. 이를 위해서는 3가지 조건이 필요하다.

첫째, 현실보다 더 현실 같은 아주 정밀한 3차원 렌더링 작업이 필요하다. 최근 건축에서도 여러 물리적 환경 조건을 고려하여 건축 디자인을 어느정도 사실적으로 묘사해 주는 렌더링 프로그램이 보편화되어 있으나, 타 분야의 기술적 수준은 이보다 훨씬 더 정밀한 묘사를 가능하게 해 준다. 특히 게임·애니매이션 업계가 이러한 기술을 선도하며, 이들의 3차원 표현 능력은 이미 실사 영화 수준을 넘었다. 최근 가장 진보된 3D 개발 도구로는 언리얼 엔진(Unreal Engine)을 들 수 있다. 궁극적으로 건축도 이러한 3차원 표현 도구의 혁신에 영향을 받을 수밖에 없다.

둘째, 이를 지원해 주는 고해상도의 하드웨어 미디어가 필요하다. 최근에는 가상 현실(VR)·증강 현실(AR)·혼합 현실(MR) 등 이들을 합쳐 부르는 XR 기술이 주목받고 있다. 주로 헤드 디바이스 및 리모트 컨트롤러를 착용해서 체험할 수 있는데, 고해상도의 디지털 콘텐츠를 실제 공간처럼 느껴볼 수 있다. 이는 게임·소방·운전·전투 훈련 등 다양한 목적으로 활용되고 있다. 다른 하드웨어 방식으로는 4D 고화질 대형 스크린과 터치스크린을 활용한 체험도 있다.

셋째, 특정 디자인 과정에 대한 사용자 참여형 디자인(UI/UX Design)을 필요로 한다. 흔히 UX(User Experience) 디자인은 어떤 제품이나 시스템에 대한 직간접적 경험을, UI(User Interface) 디자인은 그것을 어떠한 방식으로 이용하도록 설계하는 것을 의미한다. 건축은 영화나 게임과 같이 완성된 결과물에 대한 소비자의 일방적인 체험이 아니다. 디자인 과정에 있어서 건축가·건축주·소비자의 참여형 체험이 요구된다. 따라서 '인형 옷 입히기'처럼 여러 디자인 옵션의 적용을 위한 디지털 인터페이스 구축이 점점 중요해지며, 이는 디자인의 방법론을 근본적으로 바꾸고 있다.

공릉동 도깨비시장 안내센터

이 프로젝트는 내가 설계하여 최근 준공한 '공릉동 도깨비시장 안내센터'다. 이곳은 시장 가는 길목에 위치한 문지방 같은 공간으로 오밀조밀한 시장의 골목길을 건물 외부 동선과 연결하고자 하였다. 또한, 형형색색의 스크린 루버를 시장에서 쓰이는 플라스틱 포장지처럼 건물 전체에 덮어주면서 전통 시장이 지닌 가변성·역동성·다양성·개방성을 보여주고자 하였다.

공모 당선 이후 설계안은 여러 사유로 변경을 거쳤다. 공공건축물로서 유지 관리의 측면에서 외부 동선이 사라지고 외부 공간이 줄어든 것 외에도 가장 큰 변화는 옆 대지를 합필하여 높은 주차 타워를 건물 프로그램의

가장 진보한 3D 재현 도구인 언리얼 엔진

일부로 재설계한 것이다. 설계 과정에서 원안과 크게 바뀐 이 프로젝트에서도 그래도 지키고자 한 것이 있다. 바로 스크린 루버 외피다. 이를 오히려 건물 전체로 넓히면서 초기 프로젝트의 디자인 정체성을 끝까지 살려가고자 하였다.

새로운 디자인 도구의 개발, 메타파사드

최근 가장 보편적인 건축 디자인 도구는 모니터 화면을 통한 정적인 투시도다. 반면에 이 프로젝트는 해당 분야 전문업체와의 융합 연구를 통해 게임 업계에서 활용하는 언리얼 엔진을 활용하였다. 상세한 실시간 렌더링 과정을 거쳐 그 결과물은 디테일까지 표현된 디지털 목업으로 구현되었다. 4D 해상도로 70인치 크기의 대형 디스플레이를 통해 시연되도록 하였다. 주변 환경 조건에서부터 패널의 색·형태·규격·배열·타공 크기 및 밀도 등 다양한 디자인 옵션의 결과물을 조합하였다. 여기서

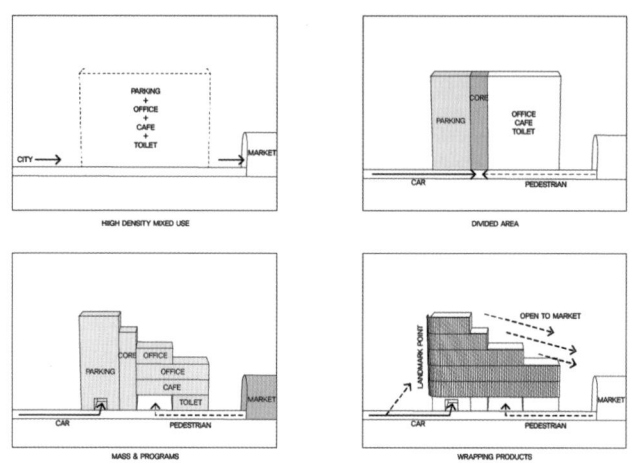

시장 초입에 위치한 문지방으로서의 의미를 담은 설계 개념

    기업체와 함께 개발한, 가변적 디자인이 가능한 인터페이스 플랫폼 '메타파사드(META FACADE)'를 이 프로젝트 디자인 과정에 적용하였다.

    물론 이러한 디자인 도구가 설계에 불필요하다고 생각할 수도 있다. 그러나 공장에서 만드는 피지컬 목업의 경우 몇 배의 비용이 들고, 수많은 환경적·물리적 조건을 테스트하는 데에는 한계가 있다. 메타파사드는 작은 볼트 하나까지 모든 디테일을 낱낱이 보여주고, 단순한 이미지를 넘어 사용자가 가상 현실 공간 안에 들어가 있는 듯 실제 느낌을 그대로 전달해 주는 툴이다. 디자인 도구로써 엄청난 잠재적 가치를 지닌다.

새로운 디자인 도구가 가져올 변화

도구가 변하면 디자인의 과정도 변화한다. 건물 내외부 어느 곳이나 실재처럼 체험 가능하고, 외피의 모든 디자인 변수를 마치 게임처럼 바꾸어가며 적용하고, 부재 단위의 디테일한 상세 디자인까지 열고, 비교해 볼 수 있는 상황이 되니 디자인 과정이 바뀔 수밖에 없다. 건축 디자인 과정이 건물의 기본 틀은 갖추어 놓은 상태에서 마치 '인형 옷 입히기' 놀이처럼 자유롭게 다양한 옵션을 넣을 수 있는 '보는 디자인'·'비교하는 디자인'·'선택하는 디자인'이 된다.

이러한 변화는 디자인 업계의 시대적 흐름과 다르지 않다. 이미 우리는 과도한 이미지 홍수 속에서 수없이 많은 반복적인 alt를 찍어낼 수 있는 AI 디자인의 시대에 살고 있다. 혼자서 그려내고 창작하는 작가적 디자인보다 함께 보고, 선택하고, 응용하는 협업 디자인의 시대에 살고 있다. 한땀 한땀 장인정신으로 만들어 가는 건축가의 디자인은 시장에서 외면받기 쉽다. 무엇을 만드느냐보다 어떻게 보이느냐가 더 중요한 세상이다. 건축에서 외피가 더욱 중요해지고, 그에 대한 디자인의 편집적 성격이 중요해지는 시대적 흐름도 이러한 기술 변화와 무관하지 않다.

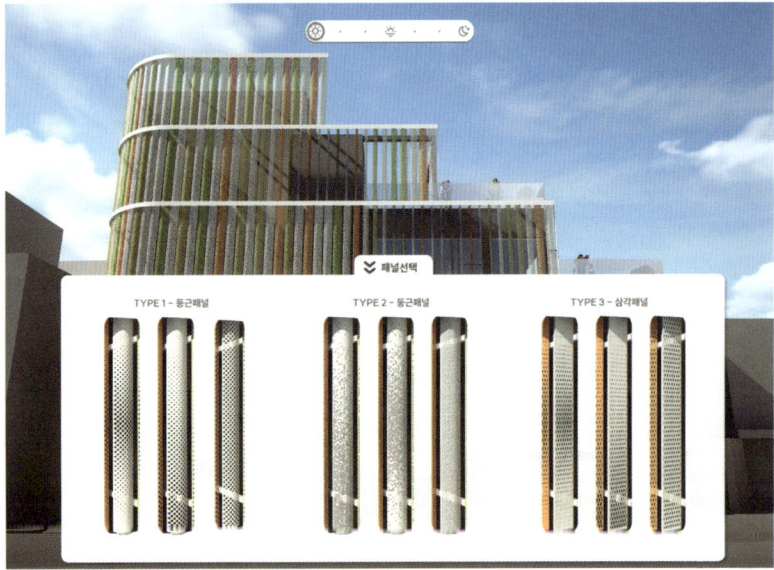

메타파사드의 사용 예시

현실에 대한 새로운 도전과 극복

현실에 대한 새로운 도전에는 항상 여러 어려움이 따른다. 앞서 언급한 새로운 디자인 도구도 아직까지 여러 제약이 있다. 외주든 내부 인력이 하든, 언리얼 엔진이라는 복잡한 렌더링 프로그램을 다루기 위한 배움의 시간과 비용·고성능 PC·고해상도 디스플레이 등 전문적 하드웨어에 대한 투자, 그리고 다양한 디자인 요소를 스터디할 수 있는 절대적 시간 확보 등이 그 예다. 이는 일반적인 설계사무소에서 당장 현실화하기 어려운 조건이다. 변화는 어려우나 그 지향점은 분명하다.

우선 피지컬 목업 제작 시간과 비용을 획기적으로 줄일 수 있다. 일반적인 건축설계 과정에 있어 특정 외피 디자인의 실제 느낌을 보기 위해 실물 크기의 목업을 만들어 본다. 건축주가 과감한 투자를 하지 않는 한 많은 비용이 드는 피지컬 목업을 진행하기는 쉽지 않다. 실사보다 더 실사같이 구현되고 다양한 선택이 가능한 디자인 도구는 실물 목업을 대체해 준다.

다음으로 디자인의 결과물이 데이터 아카이빙되어 재사용이 가능해진다. 건축은 항상 현장 중심, 사이트 중심으로 일회성 디자인을 전제로 한다. 건축가 스스로도 자기 복제를 두려워하고, 프로젝트마다 새로운 디자인을 해내야 한다는 강박을 갖고 있다. 이는 근본적으로 건축설계를 비효율적으로 만들고, 산업적 경쟁력을 떨어뜨린다. 지금은 창조의 시대가 아닌 응용의 시대다. 시제품화가 이뤄지고, 데이터로 저장된 외피 디자인은 건축물과는 별개의 디자인 저작물이 되어 다른 프로젝트에, 다른 건축가에 의해 응용되고, 활용될 수 있다.

마지막으로 커뮤니케이션의 효율성을 획기적으로 높일 수 있다. 디자인은 결국 소통을 전제로 한다. 설계 단계에서 발주처와 협력 업체, 대중에게 미리 선보이고 이해되고 판단되어야 한다. 적당히 왜곡되어 이쁘게 포장된 몇 장의 투시도로 소통하는 시대는 지났다. 실사 수준의 디테일과 체험형 가상 현실로 다양한 디자인과 색상을 바꾸어가며 소통한다. 그 결과 설계 단계의 디자인에 이해도는 획기적으로 높아지고, 시공된 최종 결과물의 완성도도 높아진다.

도구의 변화는 디자인을 바꾼다. 우리는 건축 역사상 가장 크고 빠른 변화의 물결 속에서 살아 가고 있다. '메타파사드'와 같은 새로운 디자인 도구는 머지않은 미래에 결국은 건축에 보편적으로 쓰일 것이며, 동시대 건축 디자인이 진화해 가는 방향이 될 것이다.

준공된 공릉동 도깨비시장 안내센터의 모습

파렛트를 활용한 10가지 실험

건축은 공간과 재료에 대한 아이디어에서 시작된다. 평범한 공간도 건축가의 상상력을 통해 특별한 장소로 재구성될 수 있으며, 일상적인 재료도 발상의 전환을 통해 새로운 구조물로 탈바꿈할 수 있다. 건축은 기본적으로 작은 부분들의 조합으로 만들어진다.

　플라스틱 파렛트는 우리 주변에서 흔히 볼 수 있는 산업 자재로, 단위 면적당 단가가 매우 저렴하다. 지게차

다채로운 디자인의 파렛트

로 들어 옮기고, 쌓기 좋게 규격화되어 있으며, 구조적으로도 튼튼하다. 표면 패턴과 색상은 각양각색이다. 크지만 가볍고 매우 튼튼한 벽돌 같은 기성품이다.

　우리 도시에는 무대·극장·전시·휴식·집회 등 수많은 이벤트를 담당할 공간이 필요하다. 이런 이벤트 공간은 얼마 못 가 철거되어 결국 많은 사회적 비용을 소모한다. 언제든 쉽게 설치했다가 해체해 다시 산업 현장으로 보낼 수 있도록 기성 자재를 활용해 임시 공간을 만들면 어떨까? 레고처럼 똑같은 모듈을 활용하여 장소와 목적에 맞게 공간을 만드는 건축 실험을 하였다.

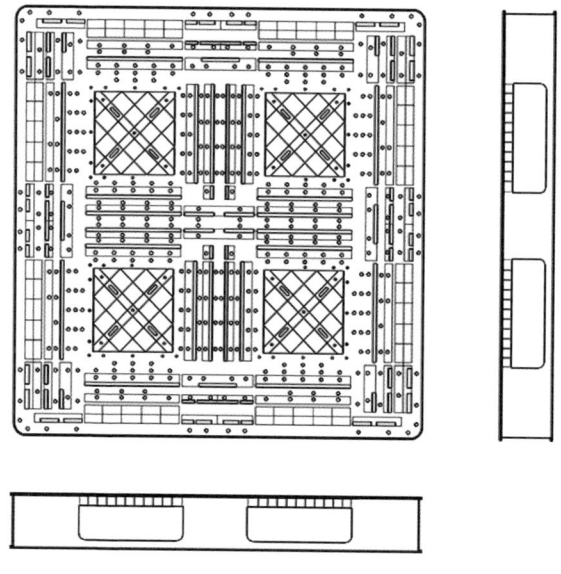

파렛트의 디테일

바이래터럴 시어터(Bilateral Theatre) I
파렛트 실험의 시작

파렛트로 극장을 만들 수 있을까? 수년 전 서울시립미술관에서 '종합극장'이라는 전시가 열렸다. 몇몇 건축가가 참여해 각자 재활용 자재로 극장을 만드는 전시였다. 공간을 구성할 자재를 찾아다니다 우연히 길가에 버려진 플라스틱 파렛트가 눈에 띄었다. 혹시 누군가 이걸로 공간을 만든 적이 있을까? 알아보니 다행히 그때까지 아무도 쓰지 않은 소재였다. 운 좋게 발견하였다. 세계 최초로 플라스틱 파렛트가 공간을 만드는 모듈로 활용되었다. 1,000개의 파렛트를 벽돌처럼 수평으로 쌓아 양쪽으로 벌어진 계단형 극장을 만들고, 중앙에 양면 스크린을 설치해 사람들이 파렛트에 자유롭게 기대앉아 영화를 보도록 공간을 연출하였다.

서울시립미술관 극장에 설치된 파렛트

바이래터럴 시어터 II
수직 벽체 세우기

파렛트를 수직 벽체로 세워 스크린 효과를 줄 수 있을까? 대구미술관에서는 '애니마믹 비엔날레' 전시가 꾸준히 열렸다. 나는 2013-2014 전시에 파렛트를 활용해 '바이래터럴 시어터 I'과 유사한 극장 공간을 설치해 줄 것을 요청받았다. 미술관은 이 전시를 위해 파렛트 1,000개를 구입했다. 이 파렛트들로 이전 작업과는 다르게 새로운 공간에 맞춰 이동 동선과 관람 공간을 구분해 극장을 조성하였다. 건축가에게 기존과 똑같은 작업을 반복하는 건 재미없는 일이다. 공간을 구분하기 위해 빛과 시야를 투과하는 스크린 벽체로 파렛트의 가능성을 실험하고자 하였고, 이를 위해 처음으로 4단 수직 쌓기를 하였다. 과감하게 수직으로 쌓는 방식은 구조체에 파렛트를 활용하는 새로운 방향성을 보여 줬다.

대구미술관에 설치된 파렛트로 만든 극장 공간

텍토닉 랜드스케이프(Tectonic Landscape)
수직 벽과 수평 단 함께 쓰기

파렛트 수직 벽과 수평 단을 섞어 자유롭게 공간을 구성할 수 있을까? 2014년, 대구미술관으로부터 로비에 휴식과 놀이를 위한 공간을 만들어 달라고 요청받았다. 당시 미술관에서는 한국의 산수화를 현대적으로 재해석하는 '네오산수' 전을 하고 있었다. 전시에 맞춰 파렛트로 풍경을 담은 수묵화 같은 공간을 연출했다. 연속된 언덕을 만들고 시각에 따라 다채로운 빛이 떨어지도록 높은 스크린 벽을 세웠다. 이 전시로 다양한 수평 쌓기와 이중 벽체로 수직 쌓기를 실험하며, 높이 6.6m의 6단 파렛트 벽으로 둘러싸인 자유로운 휴게 공간을 조성하였다. 그 결과 주어진 공간 내에서 파렛트를 수직과 수평으로 자유롭게 활용할 수 있다는 자신감을 얻었다.

수묵화를 콘셉트로 한 대구미술관에 설치된 파렛트

노적 아렘(Nojeok Ahrem)
외부 공간 조성하기

파렛트로 유기적인 형태의 자유로운 야외 공간을 조성할 수 있을까? 안산 단원미술관(현 김홍도미술관)에서 파렛트는 미술관 앞마당의 휴식 공간이자 공연이 열리는 무대가 되어 공간과 동선을 구분하고, 연결하는 역할을 하였다. 파렛트가 모여 휴식과 놀이, 작은 이벤트까지 가능한 다목적 공간이 된 것이다. 이는 최초로 파렛트를 개방된 야외 공간에 설치한 실험이었다. 파렛트 설치물 자체가 공간을 분할하고 동선을 규정하는 작업이기도 하였다. 즉, 파렛트로 장소성을 만들어 가며 경사와 능선, 벽체와 난간 등의 요소로 유기적인 형태와 공간을 지었다는 데 의미가 있다.

단원미술관 야외에 설치된 파렛트

컴팩트 시티(Compact City)
새로운 엮어 쌓기 실험

파렛트로 높고 거대한 구조물을 만들 수 있을까? '문화역서울284'는 2004년 KTX 고속철도가 개통되며 폐쇄되었던 서울역 역사를 2011년에 복합 문화 공간으로 재탄생시킨 곳이다. 이곳에 전시 공간을 만드는 프로젝트를 맡았다. 중앙 홀은 아주 높고 광대한 상징적인 공간이었고, 전시 공간을 꾸미기 위해 기존과 다른 새로운 전략이 필요했다. 장소의 규모에 맞춰 새로운 쌓기 방법을 연구한 결과, '엮어 쌓기' 방식을 개발하였다. 7단 파렛트로 된 높이 7.7m의 거대한 벽체를 세워 미로 공간을 조성하였다. 실험은 성공적이었다. 다른 보조 구조체 없이 파렛트 자체만으로 전시 공간을 만들 수 있었다. 내부에는 폭포를 주제로 한 미디어 아트가 숨겨져 있어 공간 자체가 하나의 경험적인 전시가 되었다. 이 프로젝트에 활용된 '엮어 쌓기' 방식은 파렛트의 수직적 한계를 넘어서는 획기적인 시도로, 파렛트 설치 공간의 가능성을 무한히 확장해 줬다.

문화역서울284에 설치된 7단 파렛트

2016 서울건축문화제 을지로 지하보도 전시
전시 공간으로 활용하기

파렛트가 일상적인 도시공간에 들어오면 어떤 모습일까? 서울시는 2015년부터 '찾아가는 동주민센터' 사업의 일환으로 건축가들과 협업해 지속적으로 각 지역 주민 센터를 개선해 왔다. 2016년 한 해에 진행된 프로젝트 203개를 총 3km에 이르는 을지로 지하보도에 한 달간 전시했다. 서울시에서 진행한 역대 전시 중 가장 긴 공간에 설치된 것으로, 가장 경제적이고 효율적이어야 하는 작업이었다. 일상 공간 속 이벤트성 전시임을 감안해 시간과 비용을 획기적으로 줄이고, 친환경적인 방식을 찾다 보니 다시 재활용 파렛트에 시선이 갔다. 기존 실험들로 쌓인 경험을 바탕으로 다양한 전시 모듈 타입을 개발해 폐기물 없는 친환경 전시를 속전속결로 구현해 냈다.

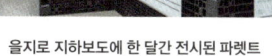
을지로 지하보도에 한 달간 전시된 파렛트

숨바꼭질(Hide-and-Seek)
지붕 구조 만들기

파렛트를 지붕이나 천장재로도 쓸 수 있을까? 창원 경남도립미술관 앞마당에 파렛트를 새로운 방식으로 결합해 포켓 쉼터를 설치하였다. 비어 있던 공간에 파렛트를 이용해 작고 아기자기한 미로와 그늘을 만들었고, 그 내부는 포켓 이벤트 장소가 되었다. 정해진 동선 없이, 반투명한 벽과 계단으로 아이들에게 숨바꼭질처럼 서로 숨고 발견하는 재미를 주고자 했다. 이 실험에서는 처음으로 파렛트를 지붕재로 활용하였다. 수직적인 벽체에 파렛트를 수평으로 끼우고 엮어 그 자체로 천장이 있는 구조물을 만든 새로운 시도였다.

창원 경남도립미술관 앞마당에 설치된 파렛트

팝업 시티(Pop-up City) I
규모에 도전하기

파렛트로 더 넓은 규모의 공간을 조성할 수 있을까? 2018년 수원에서 열린 한국지역도서전을 통해 파렛트의 구축 방식과 활용성을 다시 실험할 수 있었다. 수원화성 행궁터 광장에 2,400여 개의 재활용 파렛트로 새로운 공간을 조성했다. 이는 파렛트로 만든 세계 최대 규모의 공연 및 전시 공간이었다. 공연 무대와 관람 공간·전시관·전시 부스까지 모든 구조체가 파렛트로 지어졌다. 폐기물 없는 친환경적인 행사로 수천 명을 수용할 수 있는 대규모 공간을 사흘 내에 설치하고, 하루 만에 철거하는 기록을 세웠다.

수원화성 행궁터 광장에 설치된 파렛트

블랙 큐브(Black Cube)
전시 배경 만들기

파렛트가 전시 배경이 될 수도 있을까? 인천 영종도에 있는 파라다이스시티 리조트는 매년 미디어 아티스트를 초청해 전시를 여는 '파라다이스 아트랩' 행사를 주최한다. 이곳에서 파렛트는 전시와 휴게 공간을 조성하는 재료가 되었다. 엮어 쌓는 방식을 최대 규모로 응용하여 미디어 아트 전시의 거대한 배경을 만들었다. 단기 전시와 행사에 효율적인 재료의 특성을 살려 이틀 안에 설치하였고, 하루 만에 깔끔하게 철거하였다.

영종도에 있는 파라다이스시티 리조트에 설치된 파렛트

팝업 시티 II
다른 재료와 융합하기

몇 년 전부터 NFT(Non-Fungible Token)이 유행하였고, 급기야 2021년 말에는 코엑스에서 'NFT 아트전'이 개최되었다. 블록체인 기술을 활용한 디지털 아트 콘텐츠인 NFT 아트와 모듈화된 재료인 파렛트, 이들이 만나 만들어내는 즉흥적인 팝업 전시는 새로움 그 자체였다. 엮어 쌓기와 수평 및 수직 쌓기, 여기서 더 나아가 철물과의 조합을 통해 지붕 가림막까지 만들어내 완벽한 공간 구성 요소로서 파렛트의 가능성을 보여주었다.

서울 코엑스에 설치된 파렛트

한글미로놀이터
축제 놀이 공간 만들기

파렛트를 활용하여 축제 놀이 공간을 만들면 어떠할까? 파렛트 프로젝트는 플라스틱의 질감·모듈 조립이라는 고유의 특성을 갖는다. 이는 특히 어린 아이들에게 블록 장난감 같은 친숙함을, 어른들에게는 어린 시절의 향수를 제공한다. 그래서인지 내가 진행했던 대부분의 파렛트 프로젝트는 의도치않게 아이들의 놀이터가 되곤 하였다. 그래서 이번에는 대놓고 아이들을 위한 놀이터를 만들어보고자 하였다. '세종축제'는 매년 한글날 세종시에서 열리는 가장 큰 시민 축제로 세종호수공원 공터에서 주로 열린다. 나는 한글과 연관성을 갖는 아이들의 놀이터이자 쉼터를 만들고자 하였다. 이 프로젝트는 한글 모듈의 조합이 만들어낸 미로놀이터다. 2,000여 개의 플라스틱 파렛트 유닛들로 ㄱ·ㄴ·ㄷ·ㄹ·ㅁ·ㅂ·ㅅ·ㅇ·ㅈ·ㅊ 등 10개의 한글 모듈을 구성하였다. 모듈의 조합 외에도 그 안에서 뛰고, 숨고, 찾고, 노는 미로를 만들었다. 이 미로놀이터는 한글 모듈로 아이들의 상상력과 호기심을 자극하는 새로운 팝업형 놀이 공간이었다.

세종호수공원에 설치된 파렛트

파렛트 실험은 계속된다

요즈음 거리를 걷다 보면 이벤트성 팝업 공간을 심심치 않게 볼 수 있다. 일주일도 채 되지 않는 짧은 행사를 위해 대부분 목조나 철물을 이용한다. 그리고 활용된 건축재들은 행사가 끝나면 폐기되어 쓰레기장으로 향한다. 일회성 목적에 맞춰 한 번 쓰고 버리는 건 경제적인 손실이자 폐기물만 늘릴 뿐이다.

파렛트는 폐기물을 만들지 않는 친환경적인 재료다. 10가지 실험을 하며 파렛트가 특별한 전시 용도뿐만 아니라 대중적이고 일상적인 이벤트 공간에도 활용될 수 있음을 알게 되었다. 이 모듈은 무엇이든 구축할 수 있는 잠재성이 있다. 며칠 내 설치 및 철거할 수 있는 경제성과 효율성도 지니고 있다. 누구든 쓸 수 있는 좋은 건축 재료다. 다만 디자인과 구조, 시공과 운영에 있어서는 경험과 노하우가 필요하다. 나는 공간 구축의 소재로 파렛트를 널리 알리기 위해 '파렛스케이프'라는 브랜드를 만들어 지금도 다양한 실험을 하고 있다.

건축은 블록 쌓기에서 시작된다

누구나 파렛트 같은 일상적인 재료를 활용해 건축적 상상력을 발휘할 수 있다. 건물을 설계하는 과정은 기본적으로 이와 다르지 않다. 관습적 사고에 치우치지 않고,

끊임없이 새로운 재료를 발견하고, 장소의 특성에 맞게 그리고 상상하는 것이다.

파렛트 작업은 레고 블록 놀이와 같다. 어린아이가 자유롭게 블록을 쌓고 이어 붙이는 것처럼 작은 요소들을 반복적으로 끼워 맞추고 조합하면 어느새 형태가 되고 공간이 만들어진다. 태초에 인류가 그렇게 움막집을 지었을 것이다. 첨단 건축 기술도 근본적으로는 이런 과정을 거쳐 점차 완성도를 높인다.

블록을 쌓고 노는 아이들은 모두 훌륭한 건축가의 자질을 갖췄다. 아이들이 별 의도 없이 블록 구조물을 머릿속에서 그리고 손으로 만들어내듯, 건축가도 백지에서 시작해 무언가를 그리고 만들어내는 한 사람일 뿐이다. 자유롭게 상상하고 그리고 만들 때 비로소 창의력이 발휘되어 새로운 발견을 할 수 있다.

부분과 전체 : 모듈로 디자인하기

건축물은 인간이 만드는 물리적 구조물 중 가장 규모가 크고 복잡하다. 그래서 건축은 필연적으로 '부분'의 서로 다른 반복을 통해 '전체'를 구성한다. 이런 측면에서 건축 형태와 공간을 다양하게 구성하는 데는 크게 2가지 방법이 있다.

하나는 자연이 그러하듯 '단위 모듈'을 다르게 하는 것, 다른 하나는 동일한 모듈을 사용하되 '구성 방식'을 다르게 하는 것이다. 전자는 기본적으로 모듈 하나하나의 제작 비용이, 후자는 그 구성을 다르게 하기 위한 시공 비용이 많이 든다. 그렇다면 최소의 가공과 시공을 통해 가장 효율적이고 다양화된 구조물을 만드는 방법은 무엇일까?

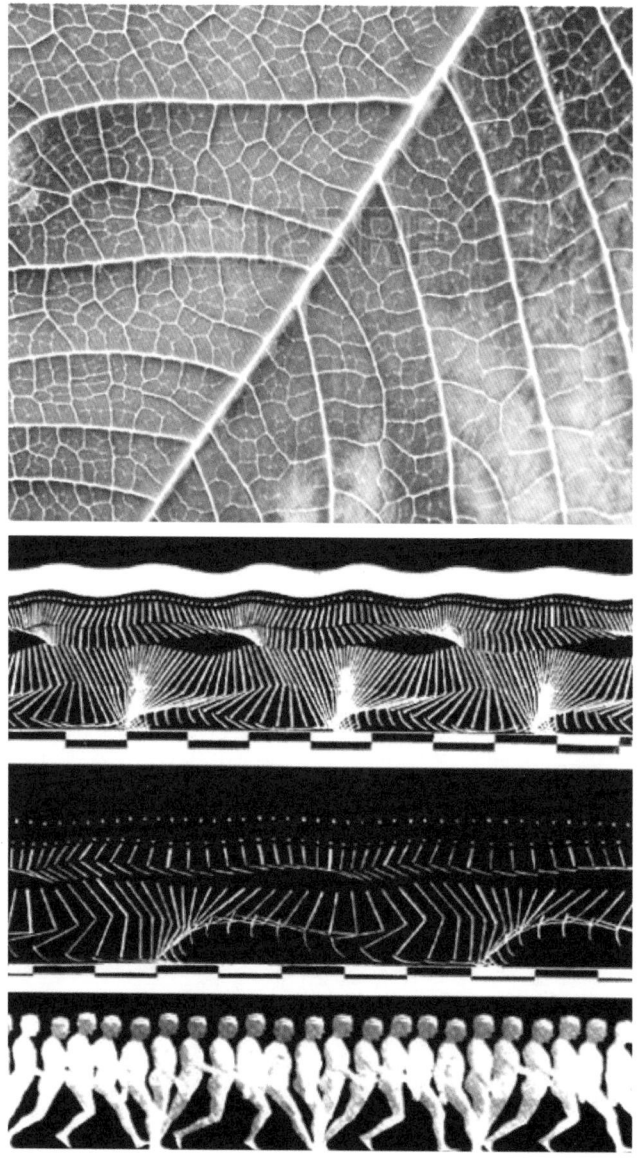

부분과 전체의 속성
단위 모듈의 다양화(상) / 구성 방식의 다양화(하)

파트 투 홀(Part to Whole)
모듈 실험의 시작

2014년 국립현대미술관 서울에 전시되었던 목조 구조물 '파트 투 홀'은 최소한의 가공과 시공만으로 진행된 건축 실험 결과물이다. 당시 '매트릭스: 수학_순수에의 동경과 심연' 전시의 일환으로 건축에서의 수학, 건축가가 바라보는 수학이라는 주제로 작품을 제작하였다. 부분의 합인 전체, 전체를 이루는 요소인 부분을 가장 효율적으로 표현하는 건축 구조물을 만드는 게 목표였다.

    단위 모듈 재료 선정이 가장 중요하였다. 모든 프로젝트가 그렇듯 제한된 예산 내에서 최적의 결과물을 만들어야 하였다. 가장 활용도가 높고, 저렴하며, 구성을 다양화할 수 있는 모듈은 무엇일까? 일상 속에서 고민하며 적절한 재료를 찾아다니다 발견한 게 바로 각재였다.

가장 효율적인 다변화 구조물을 위한 단위 모듈

각재는 인테리어 내장 틀로 많이 쓰이는 저렴한 부재로 한 번의 단순한 커팅으로 다양한 변화를 줄 수 있다.

　미술관에 전시할 작품은 형태보다 공간이 중요하였다. 중성적인 직육면체에서 시작된 하나의 덩어리에서 가장 큰 부피를 비워 낸 그러면서도 구조적으로는 자립해 서 있는 실험적인 구조물을 만들기로 하였다. 최근 디지털 기술을 이용해 복잡한 계산을 쉽게 하듯 건축에서도 프로그램을 통해 치수와 물량을 조절할 수 있다. 알고리즘을 잘 이용하면 개수의 많고 적음은 전혀 문제 되지 않는다. 전체 9,076개의 각재를 73가지 길이 유형으로 분류 및 가공하고, X-Y 방향으로 서로 교차하며 63개 층으로 엮었다.

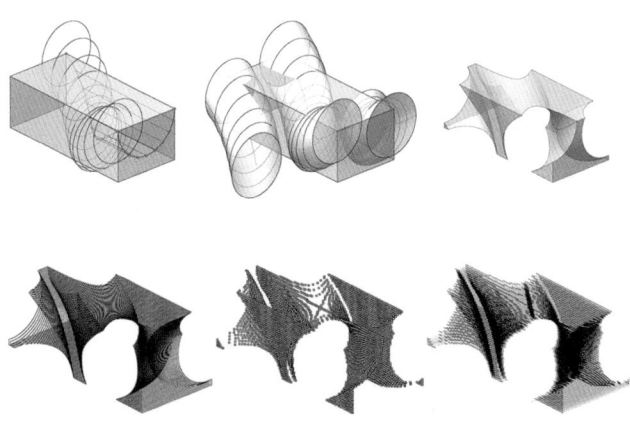

기하학적 공간의 생성과 컴퓨터를 활용한 분석과 실험

최소한의 가공과 시공을 통한 목조 구조체 제작

보는 방향에 따라 달라지는 모습

3차원 형태와 공간으로 완성된 목재 설치 작품

프로젝트는 모듈당 한 번의 커팅만 하는 최소한의 공정을 거쳐 빠른 속도로 진행되었다. 국립산림과학원 목공소의 도움으로 전체 사전 공정은 정확히 나흘 만에 이루어졌다. 준비된 각재들은 현장으로 운송되었고, 서로 물리고 엮이는 최소한의 조립 과정을 통해 사흘 만에 적층식으로 완성되었다. 이런 축조 방식은 최근 3D 프린팅·로봇 등 첨단 기술을 활용한 새로운 시공 방식과 근본적으로 동일하고, 궁극적으로 시공 자동화의 가능성까지 품고 있다.

각각의 부재가 엮인 3차원 패턴은 일관된 원리로 전체를 다변화시켜 표현하였다. 이 패턴은 하나의 시야 안에서도 조금씩 변화하여 형태의 변화를 이루고, 형태의 변화는 공간의 변화로 이어지게 하였다. 이 프로젝트는 건축물이 아닌 건축 구조체만으로는 최초로 '2014 대한민국 목조건축대전' 본상을 수상하였고, 전시 후 국립산림과학원 로비로 옮겨져 영구 전시되고 있다.

스크리닝 스페이스(Screening Space)
공간을 이어 준 모듈형 스크린

모듈을 활용한 부분과 전체의 조합에 대한 실험은 여러 프로젝트에 걸쳐 지속되었다. 특히 모듈 작업을 통해 시공의 효율성과 경제성을 고려하면서 다양성과 차별성을 만들어내기 위해서는 부분과 전체의 조합에 대한 보다 스마트한 접근이 필요하였다. 공장 제작을 목표로 최소한의 서로 다른 타입을 갖는 프로토타입 모듈을 개발하였고, 이들 모듈간의 서로 다른 조합이 갖는 그룹들을 만들어내면서 반복을 통한 다양성을 확보해 갔다.

    이러한 원리는 고운미소치과 강남역점 공간 디자인에 적용되었다. 이 치과는 편안하고 세련된 고급 인테리어를 추구하였다. 창으로 둘러싸인 커튼월 건물 내부에 위치한 진입 공간을 아늑하고 사적인 로비 공간으로 만들기 위해 특별한 내부 스크린 디자인이 필요하였다. 이를 위해 공간 전체를 감싸고 연결·분리해 주는 목재 스크린 패널을 계획하였고, 조립형 프리패브(Prefab) 방식으로 제작되어 현장에서 간단하게 설치되도록 하였다.

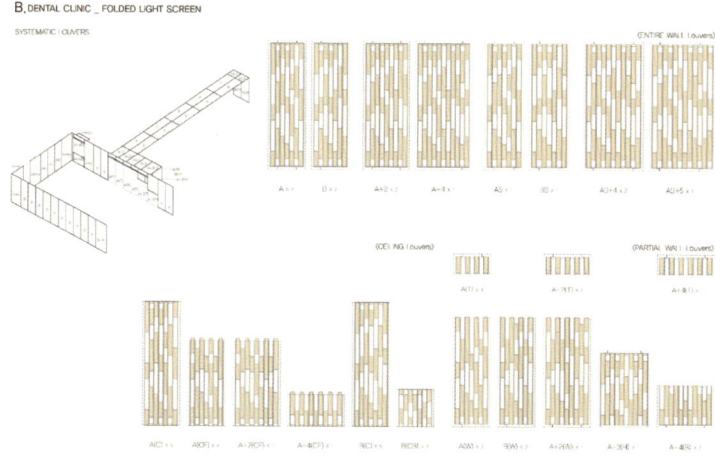

부분과 전체의 원리로 만든 스크린이 적용된 고운미소치과 강남역점

스크리닝 빌딩(Screening Building)
공간을 감싸 준 모듈형 스크린

건축의 모든 디자인은 반복을 수반한다. 그러면서도 자연과 같이 다양하면서 획일적이지 않은 모습을 만들어야 한다. 경제성을 위해 '모듈의 다양화'가 아닌 '조합의 다양화'는 필수적이다. 많은 비용이 투입되는 건물의 외피 디자인의 경우에는 더욱 그러하다.

영등포 양남시장은 서울시 정비사업을 통해 복합주거단지 재건축이 계획 중이었다. 나는 당시 서울시 공공건축가로서 양남시장 저층부 외관 특화사업 디자인에 참여하였다. 이미 설계가 진행 중인 건축물에 외피로써 건축물을 돋보이게 해야 하는 디자인 작업으로 창의적 아이디어가 필요하였다. 그러한 외피 디자인을 위해 '조합의 다양화'를 통한 효율적 디자인 전략이 활용되었다. 공장형 제작과 효율적 설치를 고려한 모듈화 작업, 그리고 다양한 조합으로 만들어낸 파사드 디자인은 전체 저층부를 감싸는 스틸 루버로 계획되었다.

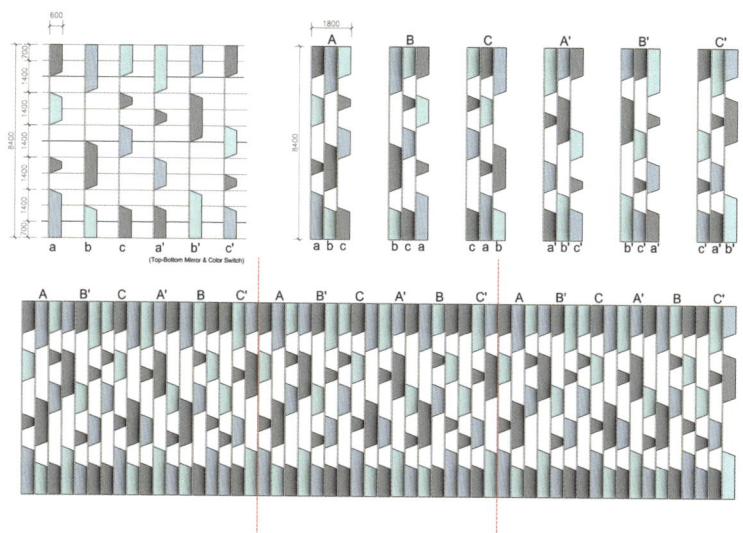

부분과 전체의 원리로 만든 스크린이 적용된 양남시장 재건축 파사드 디자인

부분과 전체, 그리고 모듈화

건축에서 부분의 집합체인 전체, 전체의 구성 요소인 부분은 각각 중요한 의미를 지닌다. 건축뿐만 아니라 우리 신체 구조도 그렇다. 인체를 보면 세포가 모여 조직을 만들고, 조직이 모여 기관을 만들며, 기관이 모여 신체를 구성한다. 부분의 합이 전체를 이르는 구조는 단위 세대가 모여 구성되는 공동 주거, 공동 주거가 모여 만드는 동네, 동네가 모여 생기는 도시에 이르기까지 우리 삶의 터전을 만드는 기본 원리다.

건축 디자인은 단순히 아름다움을 만드는 과정을 넘어 그 구성 원리를 분석하는 과정이다. 디자인에 따라 예상 비용이 좌우되고, 같은 비용을 들여도 결과물은 달라질 수밖에 없다. 부분을 모아 전체를 만드는 모듈화는 건축 디자인을 일회적인 소모품이 아니라 체계적인 지적 자산으로 만들어 장기적으로 제품화할 수 있게 만드는 원리다.

파렛트 실험을 비롯해 목재 모듈·스크린 모듈 등을 이용한 여러 작업들은 나에게 큰 의미가 있다. 이 작업들의 공통점은 부분과 전체에 대한 고민에서 시작하였다는 것이다. 그리고 그 구조를 직접 만들고 설치하는 과정 수반된다는 것이다. 여기서 방점은 '무엇을'이 아니라 '어떻게'에 찍혀 있다. 무엇을 디자인하는지보다 어떻게 디자인해야 하는지가 더 큰 방법론적 고민이다. 나는 계속해서 더 효율적이고 경제적·생산적인 건축이 무엇인지 고민해 왔다. 그 기나긴 시간은 이후의 모든 작업에 밑거름이 될 것이라고 믿어 의심치 않는다.

기술 혁신, 건축재의 새로운 도전

기술은 곧 재료이자 도구다. 재료와 도구가 달라지면 디자이너의 구상과 결과물 역시 근본적으로 달라진다. 가공 기술의 혁신은 모든 산업에 변화를 가져왔다. 자동화된 공정과 첨단 기술은 모든 디자인 제품의 트렌드를 바꾸고 있다. 디자인은 소형화·경량화·융합화·맞춤화되었고, 이제 과거에는 불가능했던 형태도 아이디어만 있다면 자유롭게 제작할 수 있다.

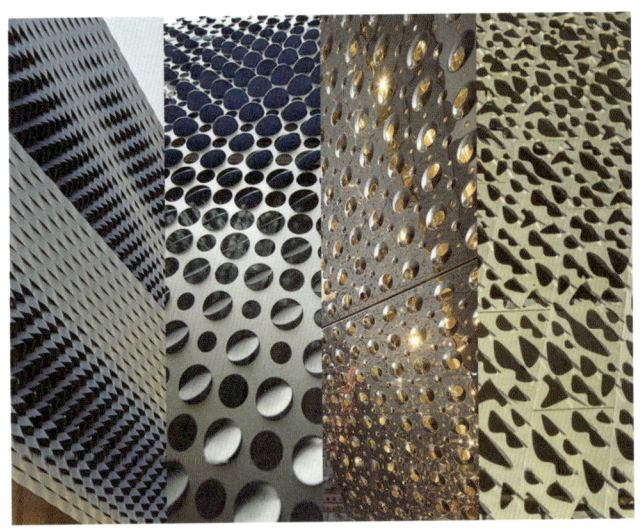

기술 혁신이 가져온 가공 기술을 활용한 다양한 건축 디자인 패널

현장 중심의 건축 산업은 오랜 기간 다른 산업에 비해 변화에 둔감하게 대처하였다. 그러나 최근 기술의 혁신적인 발전으로 건축 디자인도 분업화되었고, 공장 제작과 자동화된 설계 및 시공의 비중이 점점 늘고 있다. 건축물 전체를 공장에서 만드는 모듈러 건축이나 주요 부재를 공장에서 만들어 현장에서 조립하는 프리패브 방식까지 가지 않더라도, 공장에서 제작된 파사드 등 내외장 마감은 이미 기술의 영향을 받고 있다.

기술 발전과 외벽 디자인의 변화

과거부터 건물 외피는 건축설계와 재료에 따라 결정되는 부속품 정도로 여겨져 왔다. 공간과 매스가 우선이고, 외피는 중요하지 않다는 것이 상식으로 받아들여졌기 때문이다. 그렇지만 건물 외피를 이루는 모듈이 하나의 프로토타입이 되어 여러 프로젝트에 범용적으로 쓰이면 어떨까? 대지에 구속된 건물만을 위한 마감재가 아니라 어디에나 적용될 수 있는 상품을 디자인하면 지속적으로 부가가치를 창출할 수 있지 않을까?

최근 건물 외벽은 공간과 기능을 반영할 뿐 아니라 트렌드에 맞춰 자유롭게 개성을 드러내는 표현 수단이 되었다. 주변을 둘러보면 다양하고 화려한 옷을 입은 건물이 종종 보인다. 비로소 건축가들은 디자이너로서 확

외벽 디자인 사례
BAUHAUS, Müller Reimann Architekten(상) /
S2OSB Headquarters & Conference Hall, BINAA(하)

장된 업역을 지니게 되었다.

한편, 국내외에서 탄소 중립에 대한 인식이 높아지자 신재생 에너지 설비 설치가 의무화되고 있다. 단순히 지붕에 태양광 패널을 덧대는 것만으로 부족하다. 많은 건축물이 벽면과 주차장까지 활용해 자체 에너지 생산량을 늘리고 있다. 이미 건물부착형(BAPV)·건물일체형(BIPV) 등 다양한 패널 외장재가 나와 있고 그 기능을 넘어 디자인까지 고려한 특수한 패널로 발전하고 있다.

나도 이런 변화의 흐름에 따라 디지털 디자인과 차세대 첨단 제작 기술을 조합해 조형물·인테리어·파사드·도시 인프라 시설 등 다양한 공간에 맞춰 활용할 수 있는 양산형 모듈과 패널을 개발하고자 끊임없이 연구해 왔다.

스마트 모듈
어디에나 적용하다

'스마트 모듈'은 이런 트렌드에 맞춰 디자인하고 만든 친환경 패널이다. 이 프로젝트는 처음부터 양산성을 위해 자동 공정 방식으로 진행되었다. 정형적인 모듈을 염두에 두고 태양광·조명·오프닝 등 요소를 고려하여 다양한 입체 패턴을 여러 차례 연구하였다. 모든 연구는 스틸과 자동 절곡 기술을 활용하여 디지털과 실물 종이 모형을 오가며 디자인하고, 상세 디테일을 수정하는 식으로 진행되었다. 공장에서 스틸로 일대일 목업을 진행하며 꾸준히 완성도를 높였다.

개발된 모듈은 결과적으로 가로·세로 각각 900mm의 패널로 정교한 디테일은 물론이고, 다양한 프로젝트에 적용할 수 있는 범용성과 자동화 제작 공정 덕에 높

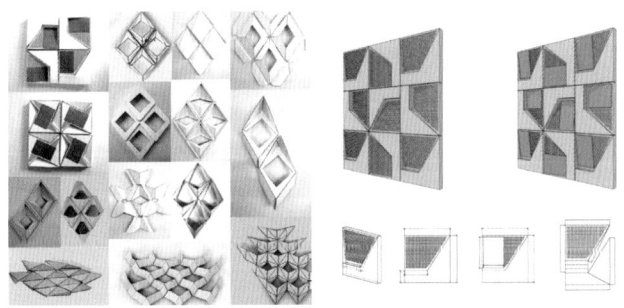

종이 접기를 응용한 The Smart Module의 개발 과정

The Smart Module 완성 패널

은 경제성까지 갖췄다. 기하학적으로 조합하여 입면에 다채로운 시각 효과를 줄 수 있고, 벽과 지붕 등 기존 건축물 어디에나 적용될 수 있으며, 건물 일체형이 아닌 일반 PV(Photovoltaics) 패널이기에 효율성도 높았다.

긴 개발 과정을 거쳐 완성된 '스마트 모듈'은 여러 프로젝트에 활용되었다. 비록 최종 적용되지는 못했으나 포항공대 '78계단 타워'에 활용하여 자가 발전하는 스마트 외벽을 구현하고자 하였다. 조형물에도 적용되어 제주도 애월의 타운하우스 '바인845'의 랜드마크 쉼터에 사용되었다. 그 외 여러 프로젝트에 적용 검토 중이며, 누구나 활용할 수 있는 디자인 외장재로 제품화되었다.

The Smart Module의 응용
포스텍 엘리베이터 타워 적용 이미지(상) / 제주 바인845 타운하우스 단지 캐노피(하)

복합 가공 패널
최첨단 기술을 활용하다

건축재를 제작하고 가공하는 기술은 건축가들이 따라가기 힘들 정도로 빠르게 발전했다. 최근에는 단순히 레이저로 절단하는 수준을 넘어 3차원적으로 자르고, 누르고, 접고, 찢는 등 복합 가공 기술까지 활용되고 있다.

이런 첨단 기술을 활용해 '복합 가공 패널'을 연구 개발하였다. 자르기부터 둥글게 말기까지 모든 공정을 자동화하여 만들 수 있는 패널 모양은 무궁무진하다. 발전된 기술로 범용성과 경제성을 두루 갖춘 새로운 디자인 패널 상품을 만드는 게 목표였다. 디지털로 가능한 모든 모양을 디자인하여 여러 번의 일대일 목업 제작을 하고, 복합 가공 기술로 어디에나 사용할 수 있는 패널을 개발하였다.

개발된 패널은 먼저 인천 서곶근린공원에 적용되었

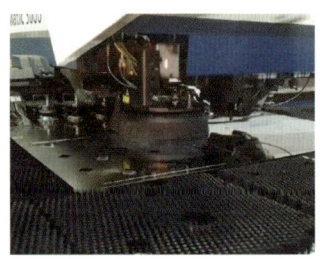 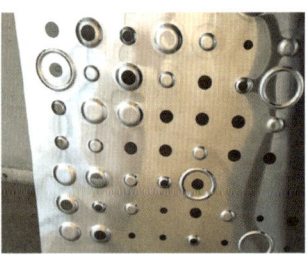

Composite Fabrication
작업 중인 Press-Cut 복합 가공 프로세스 머신(좌) / 다양한 형태의 목업 제작 실험 (우)

다. 인천 서구청은 공원 축구장에 캐노피를 설치하여 사람들이 경기를 관람하고 휴식할 수 있는 그늘 쉼터를 만들고자 하였다. '서곶근린공원 오리가미 캐노피(Origami Canopy)'는 첨단 기술과 실험적인 디자인으로 만들어 낸 자연 속 쉼터다.

면재가 접힌 듯한 입체적 형태로 디자인된 길이 5m의 캔틸레버 구조체는 건물과 건물 사이 좁은 틈에 설치되었다. 여러 번의 목업을 통해 검증된 복합 가공 패널을 음각으로 적용해 캐노피가 완성되었다. 오리가미 캐노피는 낮에는 은은하게 투과되는 빛과 음영으로 공원 방문객들의 쉼터가 되어 주고, 밤에는 빛을 반사해 주변의 시선을 모으며 공원 중심부의 랜드마크가 되었다.

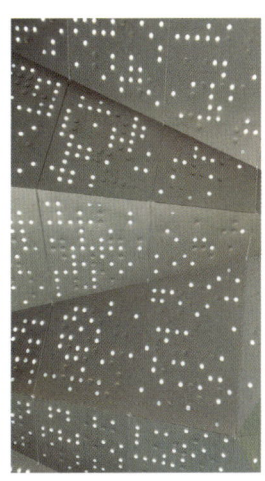
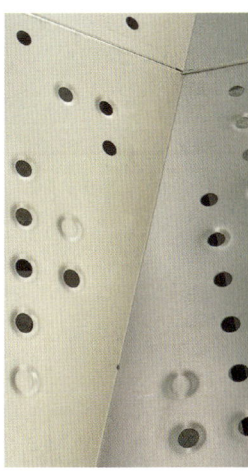

서곶근린공원 오리가미

복합 가공 패널은 다른 프로젝트에도 응용되었다. 한국외국어대학교 글로벌캠퍼스는 2km에 달하는 외대로를 따라 길게 뻗어 자리하고 있다. 현장을 찾아 주변 환경을 살펴보니 학생과 교직원은 주로 버스나 차량으로 등하교하였고, 정문은 그저 차창 밖으로 지나치는 존재감 없이 낙후된 공간으로 방치되어 있었다.

나는 이 프로젝트를 맡아 동선이 만드는 공간적 특성을 고려하여 사람들이 지나다니며 정문을 쉽게 인지할 수 있도록 바꾸었다. 기존 정문의 재료와 형태에 금속과 빛이라는 새로운 개념을 더해 미래 지향적인 비전을 보여 주고자 하였다. 양각으로 음영이 새겨진 복합 가공 패널은 빛의 열주가 되어 낮에는 주변 빛과 자연을 반사하고, 밤에는 내부 조명을 밝혀 시선을 모아 주는 중추적인 역할을 한다.

리모델링한 한국외대 글로벌캠퍼스 정문

롤링 패널(Rolling Panel)
디자인 패널을 제품화하다

기술 발전은 무엇이든 만들 수 있는 가능성과 기회를 주었으나 어떻게 만들지는 알려 주지 않는다. 결국 새로운 기술을 어떻게 활용할지는 디자인의 몫이다.

복합 가공 패널이 단순히 복합 가공 기술로 만들 수 있는 가능성에 대한 탐구였다면 이번에는 재료의 속성 분석에서 시작해 '롤링 패널'을 만들었다. 스틸은 차갑고 날카로운 감성과 주변을 반사하는 물성, 타공을 통한 스크린 효과와 폴딩·커팅·프레싱 과정을 통한 입체성을 지닌다.

롤링 패널의 패턴 디자인

실제로 목업 제작 및 상품화한 롤링 패널

부드럽고 따뜻한 감성, 은은하게 반짝이는 물성, 입체적이면서 경제적인 가공성 등 디자인의 목표를 설정하고 전 세계 스틸 내외장재의 규격·가격 등을 조사하였다. 이후 스테인리스의 가공성에 대해 수십 번의 목업 패턴 디자인과 테스트를 거쳐 결과적으로 각기 특장점이 다른 4가지 타입의 내외장 스테인리스 패널을 개발하였고, 본격적인 제품화 절차에 들어갔다.

기술은 계속 변화한다

오리가미 캐노피와 한국외대 글로벌캠퍼스 정문 디자인은 복합 가공 패널 개발과는 독립적으로 진행된 개별 작업이다. 복합 가공 기술과 그에 맞는 디자인 대상을 알아보던 중 비슷한 시기에 내가 진행하던 프로젝트에 적용한 것이다. 기술이 디자인 상상력을 자극하였고, 현실 속 프로젝트까지 연결되어 재료의 디테일을 살린 좋은 결과물이 나왔다.

아는 만큼 보인다는 말이 있다. 더 나아가 아는 만큼 상상하고, 상상하는 만큼 그릴 수 있다. 재료와 도구를 아는 만큼 디자인할 수 있다. 재료를 가공하는 기술과 도구는 너무나 빠르게 발전하고 있다. 기술을 얼마나 잘 이해하고, 어떻게 활용하는지에 따라 건축가의 상상력은 업역과 차원을 넘나들고, 이는 그 결과물인 디자인으로 이어진다.

많은 건축가가 새로운 기술에 크게 관심을 보이지 않는다. 건축이라는 산업이 워낙 보수적이고, 건축물을 짓는 과정이 워낙 복잡하고 현실적이기 때문이다. 건축 자체가 새로운 기술보다는 유명 건축가의 명성과 감성적인 디자인에 좌우되는 측면이 있다. 그러다 보니 도제식 교육과 권위적인 실무의 잔재가 여전히 남아 있다

그러나 건축에는 새로운 기술이 요구된다. 건축가

는 기술에 관심을 갖고 적극적으로 응용해야 한다. 학생 때 배웠던 기술과 도구만으로 건축하는 시대는 지났다. 눈과 귀를 열자. 세상의 변화 흐름과 기술의 발전을 끊임없이 배우고, 익히고, 응용해야 한다.

측벽의 시대, 아파트 입면 디자인하기

지역별로 주거 형태에 큰 차이를 보인다. 기후·지형 등 자연조건부터 사람들이 살아온 문화·가치·생활 방식 등 사회적 조건까지 더해진다. 개성·다양성·사생활을 중요시하는 서양에서는 고층의 획일적인 아파트를 찾아보기 어렵다. 그들은 아파트라 해도 타워형이나 테라스 하우스 혹은 복층 등 저마다의 특징이 분명한 형태를 선호한다.

우리나라에서 아파트는 주거 형태의 60% 이상을 차지한다. 오피스텔·빌라 등 대부분 공동주택도 아파트형으로 지어졌다. 부동산 시장은 아파트 시장으로 대변되고 있을 정도다. 아파트는 상품이자 가계의 주요 자산이며 국가 경제의 큰 부분을 차지한다. 아파트는 우리나라 거의 모든 도시의 경관을 지배하고 있다. 중저층 판상형부터 초고층 주상 복합 아파트까지 이미 우리는 콘크리트 숲속에서 살아가고 있다.

아파트, 도심의 랜드마크

1990년대까지 국내 아파트 외관은 천편일률적이었다. 정면에는 세대별 창문과 공동 현관 역할을 하는 발코니를 두고 측면에는 콘크리트에 몰딩 텍스처를 입히거나 페인트를 칠하는 것이 전부였다. 그러나 2000년대 이후 아파트 시장이 활성화되자 건설사들은 앞다퉈 자사 브랜드를 내세우기 시작했다. 이는 자연스레 다양한 디자인으로 이어졌다. 건설사들은 아파트 옥탑부·기단부·창호·문주(門柱) 등 시각적으로 돋보이는 모든 부분을 꾸몄다.

최근 10년 사이 부동산 시장이 과열되며 건설비 대비 분양가가 상승하자 건설사들은 디자인에 더 많은 비용을 들이기 시작했다. 오늘날 많은 건설사가 한국형 아

브랜드 아파트들의 측벽 디자인 사례

파트의 기본 틀은 유지하되 디자인 영역으로서 측벽에 주목하고 있다. 경관 조명을 가미한 디자인으로 브랜드 정체성을 강화하고 더 나아가 도심 속 랜드마크로 만들려는 것이다. 이전에는 소모적이고 낭비라고 치부되던 것들이 이제는 상품 가치를 높이고 도시 경관을 바꾸는 중요한 요소가 되었다. 이는 시민들이 받아들여야 하는 현실이고, 건축가들에게는 새로운 기회다.

건축가의 아파트 측벽 디자인하기

건설사들의 브랜드 아파트는 전국 각지에서 매년 새롭게 건설되고 있다. 같은 브랜드로서 아이덴티티는 같아야 하나 지역에 따라 경관적 상황·부동산 가격·입주자 요구 조건 등은 모두 다를 수 있다. 이에 전국 각지의 브랜드 아파트에 단일 디자인 하나로 획일화된 적용을 하기보다 하나의 정체성을 지니고 있으면서 필요에 따라 모듈이나 패턴을 다변화할 수 있는 가변형 디자인이 필요해졌다.

포스코 건설의 더샵 아파트 측벽 디자인은 이렇게 단지에 따른 가변형 디자인을 목표로 개발되었다. 기존의 더샵 브랜드 디자인 패턴에서 착안하여 2차원 패턴을 깊이·세로 경사·가로 경사 등으로 다양한 3차원 입체 모듈로 치환하였다. 이러한 모듈로 이루어진 패턴은

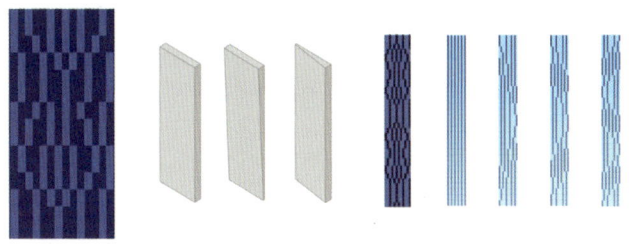

포스코 더샵 아파트 측벽 파라메트릭 디자인 스터디 과정

원하는대로 변형 가능한 파라메트릭 디자인 과정을 거쳐 임의의 패턴으로 만들어진다. 빛과 그림자, 밀도와 흐름, 재료와 비용 등 여러 변수 조건에 따라 측벽 디자인 패턴은 조정 가능하다. 하나의 디자인 정체성을 지니고 있으면서도 단지와 건물이 갖는 조건에 따라 변형이 가능한 측벽 디자인 프로토타입을 고안하였다.

    이러한 디자인 과정을 거쳐 기본 디자인이 개발되고, 여기에 활용된 금속 재료의 속성을 가장 잘 살리는 디테일과 일체화된 조명 디자인을 통해 실제 적용 가능한 디자인으로 완성되었다. 낮에는 경사진 모듈의 빛과 그림자를 통해 미려한 패턴이 나타나고, 밤에는 은은한 빛이 경사진 모듈 면을 따라 흐르며 건물의 수직성을 강조한다. 건물의 측벽은 더 이상 답답한 벽면이 아닌 그 자체가 조형이고, 주변 경관 디자인의 일부다. 현재 이

광주 더샵 염주센트럴파크 아파트

디자인은 광주 더샵 염주센트럴파크 아파트를 비롯하여 여러 현장에 적용되어 시공 중에 있다.

거부할 수 없다면 개선하라
건축가 입장에서 한국형 아파트가 우리 삶과 도시에 적합한 이상적인 주거 형태라고 할 수는 없다. 너무 획일적이고, 내외부를 단절하여 이웃들과 소통할 수 없는 폐쇄적인 구조이기 때문이다. 가끔은 주변 환경보다 땅값에 좌우되는 비정상적인 상품으로 보이기도 한다. 그래서 한국형 아파트는 건강한 도시와 살기 좋은 생활 환경을 고민하는 건축가들에게 종종 맹렬히 비판받는다.

그렇다고 모두가 아파트를 비판하고 거부하는가?

아파트의 문제점을 지적하면서도 정작 우리는 아파트를 벗어나지 못한다. 높고 딱딱한 담장을 비판하지만, 내 사생활은 철저히 보호되길 바란다. 집값이 오르는 것을 비판하면서 내가 소유한 아파트값은 끊임없이 오르길 바란다. 산동네 골목길의 푸근한 정서를 그리워하고 찬양하지만, 그런 곳에 살겠다고 아파트를 버리고 나갈 사람이 몇이나 있겠는가?

    통계에 따르면 우리나라 사람 중 절반 이상이 아파트에 살고 있다. 그게 현실이다. 불가능한 근본적 변화만 주장하기보다 현실을 인정하고 그 안에서 바꿀 수 있는 부분을 개선하고 발전시켜 나가는 것이 적절하다. 측벽·문주·조경 시설 등 디자인 차별화에 나선 신축 아파트들은 어제보다 더 나은 도시 경관을 만드는 데 일조한다. 이런 작은 변화가 모여 디자인의 가치가 높아진다. 아파트를 보는 사람들의 시선이 달라질 때 우리 건축도 함께 발전할 수 있다.

자연에서 찾은 친환경 구조물

건축은 자동차·선박·항공기 등 다른 산업과 달리 장소성을 벗어나기 힘들다. 또한, 노동 집약적인 현장 시공에 의존한다. 하나의 건축물은 한 장소에서만 소비되어야 하고, 시공 여건에 따라 그 품질도 천차만별이다. 그러나 최근 제작 기술의 발달로 건축물을 양산하여 곳곳에 지을 수 있게 되었고, 그 영역도 쉼터·전기차 충전소·태양광 발전 시설·가로등·벤치 등 도시의 다양한 공공시설로 넓어지고 있다.

최근 저탄소·신재생 에너지 등 친환경에 대한 사회적 관심이 높다. 건축계에서도 친환경 인증과 에너지 활용에 대한 양적 지표를 마련하였다. 그러나 이런 기준과 지표를 맞추려다 보면 디자인에 소홀해지기 쉽다. 그래서 태양광 패널은 종종 건축물과 잘 어우러지지 못하고 흉물이 된다. 인증 혹은 양적 지표를 위해 억지로 만드는 애물단지 취급을 받기도 한다.

솔라파인(Solar Pine) I
솔방울에서 발견한 자연의 패턴

'솔라파인'은 태양광 쉼터로 공장에서 대규모로 양산하여 장소와 배경에 맞춰 변형해 설치할 수 있도록 제작되었다. 구상 단계부터 디지털 패브리케이션 등 첨단 스마트 기술을 활용한 미래 지향적 혁신 산업의 시작점을 목표로 하였다.

솔라파인은 자연에서 흔히 볼 수 있는 간단한 기하학적 패턴에서 영감을 받았다. 자연에는 솔방울과 꽃잎 등 중력에 저항해 수직 방향으로 자라나고 햇빛을 최대한 많이 받기 위해 힘껏 뻗어 나가는 식물 특유의 패턴이 있다. 솔라파인은 이렇게 태양광을 최대한 흡수하려는 자연의 원리를 응용한 것이다.

솔라파인 상부를 살펴보면 태양광 패널로 이루어진 지붕이 살짝 기울어져 있고, 하부에는 뜨거운 햇살을 막

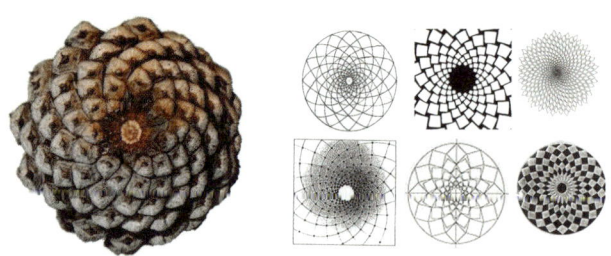

솔방울에서 영감을 받은 기하학적 디자인 패턴

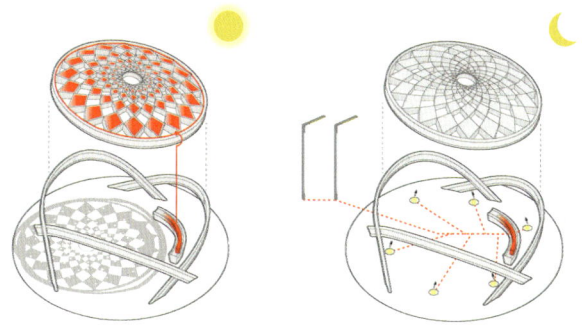

태양을 활용하는 친환경 에너지 쉼터의 낮과 밤

는 그늘이 있다. 햇살을 피하고 태양광 에너지로 바꿔 능동적으로 이용하는 친환경 쉼터인 셈이다.

처음 제작한 솔라파인 I은 인천 청라 포스코에너지 그린파크에 설치하였다. 지름 7.2m의 원형 구조체 지붕은 태양광 패널 54개로 덮여 시간당 1.2kW의 전기를 생산한다. 구멍을 중심으로 솔방울처럼 퍼져 나가는 패턴인데 태양광 패널과 그에 필요한 모든 장치가 연결되어 있다. 이런 디테일이 구조물을 기능에만 충실한 삭막한 철제 인공물이 아니라 자연의 일부처럼 느껴지게 한다.

하부에는 아름다운 그림자 패턴으로 그늘이 생겨 뜨거운 햇빛을 막아 준다. 이 그늘은 시간에 따라 모양이 변하며, 그 자체로 해시계가 되어 쉼터 이용자들에게 시간을 짐작해 보는 재미도 준다. 내부 벤치는 태양광 에너지를 저장하고, 한쪽에는 실시간 발전량이 표시된다.

솔라파인의 재료는 '포스맥(PosMac)'이다. 포스맥은 디지털 패브리케이션 방식으로 제작한 내식성 좋은 첨단 강건재다. 솔라파인은 현장에서 며칠 안에 단순 조립 작업으로 완성할 수 있다. 그늘에 앉아 올려다보면 각 모듈이 어떻게 조립되고 합쳐졌는지 관찰할 수 있다.

주변이 어두워지면 빛 감지 센서가 작동해 태양광 발전은 저절로 종료되고, 낮 동안 충전된 전기로 조명을 밝힌다. 사용되고 남은 전기는 보관되었다가 필요에 따라 재활용되고, 공원 방문객들에게 휴대폰 충전·무료 와이파이·사물 인터넷 등 다양한 부가 기능을 제공한다.

인천 청라 포스코에너지 그린공원에 설치된 솔라파인 I

솔라파인 II
지속가능한 상품으로 개발하기

아무리 유명한 건축 작품도 2번 짓지는 못한다. 왜 건축은 장소에 구속되고 일회적이어야 할까? 양산화를 전제로 반복하여 개발하면 건축물도 진화하지 않을까? 해마다 새로 나오는 스마트폰처럼 솔라파인도 두 번째, 세 번째 버전을 거쳐 진화할 수 있지 않을까?

솔라파인이 처음 설치된 후 2년여 동안 완성도 높은 상품으로 개발하기 위해 연구를 멈추지 않았다. 수많은 목업 과정으로 디테일을 개선하고 구조물을 경량화하였으며, 자동 제작 시스템도 도입하였다. 오랜 기간 많은 사람들의 피땀 어린 노력과 헌신이 있었다. 두 번째 버전을 개발하고 얼마 후, 드디어 기회가 찾아왔다.

2018년 마포구 상암동 월드컵공원 내 서울에너지드림센터 앞에 솔라파인 II를 설치하였다. 스테인리스만을 사용해 공장에서 일괄 제작되었고, 현장에 갖다 놓는 걸로 설치는 간단히 끝났다. 실시간 통합 대기질 데이터 알리미·조명·유무선 충전·테더링 스피커·온열 벤치 등 부가 기능이 더해져 상품 가치도 높아졌다. 어디에도 자신 있게 내놓을 수 있는 친환경 쉼터 구조물이 되었다.

서울 상암동 월드컵공원에 설치된 솔라파인 II

자연에서 찾은 친환경 구조물

솔라파인 III
같은 디자인을 여러 장소에 설치하기

잘 만든 제품은 많이 팔려야 한다. 솔라파인을 잘 디자인하고 만들었으니 여러 곳에 설치해야 했다. 다양한 장소에 여러 대 놓는 게 프로젝트 초기의 중요한 목표 중 하나였다.

월드컵공원에 솔라파인 II를 설치한 후 2년여 동안 지속적으로 제품을 업그레이드하다 드디어 새로운 기회가 생겼다. 2021년 대전광역시 'Re-New 과학마을 조성 사업'의 일환으로 유성구 엑스포 공원 인근 탄동천을 따라 3곳에 솔라파인 III을 설치했다. 여기서는 솔라파인이 사물 인터넷 기반의 스마트 쉼터라는 점에 초점이 맞춰졌다. 따라서 스마트 미디어 보드와 연동되어 인공지능을 통한 위급 상황 알리미, 디지털 전광판을 통한 주변 정보 제공 등 새로운 부가 기능이 추가되었다.

이를 통해 당초의 목표는 달성하였다. 그러나 여기서 끝이 아니다. 솔라파인을 어디에나 적용할 수 있는 새로운 스마트 쉼터로 지속적으로 개발하여 전국 곳곳에 짓고 더 나아가 해외에 수출하고자 '솔라스케이프'라는 브랜드도 만들고, 지금까지 노력하고 있다.

대전 유성구 탄동천 인근에 동시에 3대가 설치된 솔라파인Ⅲ

솔라스톤(Solar Stone)
상품성 제대로 갖추기

공장에서 자동화 과정을 거쳐 제작되는 건축에는 또 다른 잠재성이 있다. 일관된 품질을 유지하며 양산할 수 있을 뿐만 아니라 어느 곳으로나 자유롭게 옮겨 지을 수 있는 하나의 상품이 된다.

솔라스톤은 솔라파인의 성공을 기반으로 새로 개발한 친환경 쉼터 구조물이다. 하나의 커다란 돌덩이 같은 자연스러운 형상으로 디자인되었다. 솔라스톤에도 솔라파인과 마찬가지로 태양광 발전·조명·유무선 충전 등 여러 유용한 기능을 탑재했다. 동시에 비와 자외선을 완벽히 차단할 수 있는 반투명 지붕과 최대 10명까지 앉을 수 있는 넓은 벤치를 제공하였다. 효율성·경제성을 위해 크기를 최적화하고 경량화하여 2t 미만으로 제작하였다. 재료로 솔라파인과 마찬가지로 내식성 강건재 포스맥을 사용하여 내구성이 강하다.

첫 솔라스톤은 산꼭대기에 설치되었다. 대상지는 경기도 하남시 검단산 정상 근처 해발 550m의 공터였다. 솔라스톤은 완제품으로 공장에서 생산되어 트럭에 실렸다가 최종적으로는 헬기로 산 정상까지 배송되었다. 전 세계에 유례없는 시도였다.

솔라스톤은 기성 건축의 한계를 완전히 벗어던진 건축 디자인 결과물이다. 솔라스톤이 도시와 자연 어느 곳에나 잘 어울리는 친환경 구조물 시장을 넓히는 데 밑거름이 되길 바란다.

건축과 친환경의 한계를 넘다
솔라파인과 솔라스톤은 건축물은 아니지만, 구조와 기능을 지닌 건축의 축소판으로 자동화 제작 가능성을 보여 줬다. 건축 산업이 가진 장소성과 현장 시공의 한계를 벗어나 정확하고 신속한 양산형 작업이 가능함을 입증하였다. 더 나아가 건축 디자인이 한 번에 그치지 않고 자동차나 스마트폰처럼 하나의 상품으로 꾸준히 연구 개발되고 있다는 점과 여러 장소에 맞춤형으로 설치되었다는 점이 혁신적이다.

솔라파인과 솔라스톤은 구조체와 태양광이 일체화되는 조화로운 디자인으로 적정량의 전기를 생산한다. 최근 우리 도시와 건축에서 태양광을 다루는 방식은 이와 다르다. 점차 강화되는 제로 에너지 건축의 기준을 통과시키려다 보니 발전량 늘리기에 초점이 맞춰져 간혹 건축물의 지붕과 외벽이 태양광 패널로 무분별하게 도배된다. 모든 건축물이 최대한의 에너지를 생산할 필요가 없고 도시가 태양광 패널로 뒤덮일 필요도 없다. 그러

산꼭대기에 설치된 솔라스톤

면 친환경은 얻을지 몰라도 도시와 건축의 문화적 가치는 잃어버린다.

이제는 친환경 건축도 질적인 면에서 접근해야 한다. 발전량이 몇 kw인지보다 발전 설비를 어떻게 만들 것인지, 그 전기를 어떻게 쓸 것인지가 중요하다. 기능과 용도를 종합적으로 고려해 적정량의 에너지를 생산하는 지혜가 필요하다. 장기적 관점에서 그리고 도시건축적 관점에서 신재생 에너지 시설이 건축물의 전체 혹은 일부와 조화롭게 디자인되고 설치되는지가 중요하다. 우리 주변에서 솔라파인이나 솔라스톤 같은 친환경 디자인 구조물을 더 자주 만날 수 있으면 좋겠다.

기하학이 만들어낸 특별한 디자인

고대부터 건축은 기하학적 원리를 따랐다. 무너지지 않도록 안전하게 계산된 구조여야 했고, 거대한 규모를 효율적으로 시공하기 위해 정확한 수치가 요구됐기 때문이다. 수학적 비율에 의한 완벽한 미감까지 따져 왔다는 점에서 기하학은 건축의 필수 요소라고 할 수 있다.

고대 이집트의 피라미드, 그리스의 파르테논 신전부터 현대의 첨단 스마트 빌딩까지 시대를 막론하고 건축의 기하학적 특징을 쉽게 찾을 수 있다. 그 사용 시점에 따라 약간의 차이는 있지만, 기하학을 활용한다는 기본 전제는 크게 달라지지 않았다.

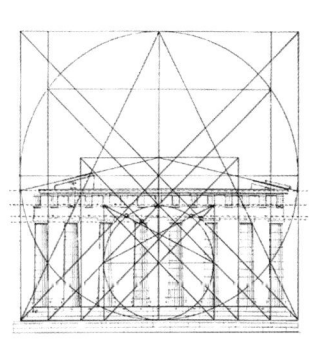
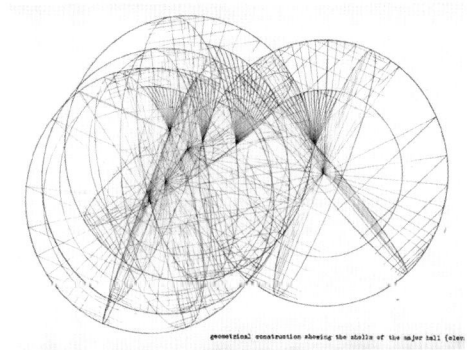

고대부터 현대까지 이어져 온 기하학을 활용한 건축의 예

위상기하학의 신비한 도형들

19세기 말에 등장한 '위상기하학(Topology)'은 20세기 들어 현대 수학의 중요한 이슈로 자리 잡았다. 기존 유클리드 기하학에서는 각 형태가 개별적인 성질을 띠며, 유한한 공간과 공간 사이에 절대적인 구분이 있다고 보았다. 그러나 위상기하학은 모든 형태가 변화하고 이어질 수 있다고 본다. 즉 점이 이어져 선이, 선이 이어져 면이 될 수 있는 차원이 존재한다. 내외부가 뒤바뀔 수도 있다. 위상기하학은 추상적인 공간을 추구했던 모더니즘 건축 사조와 맞물리며 건축가들에게 주목받았다.

대표적인 위상기하학 도형으로 우리에게도 친숙한 '뫼비우스의 띠(Mobius Strip)'·'클라인의 병(Klein Bottle)' 등이 있다. 이런 도형들은 곡면을 기준으로 앞뒤·위아래·안팎의 구분이 없어 착시 효과를 불러일으킨다. 하지만 기하학적으로 완벽하여 수학적인 계산이 가능하고, 그 덕에 형태도 만들 수 있다.

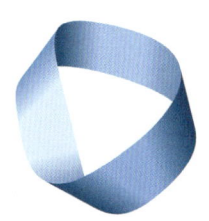 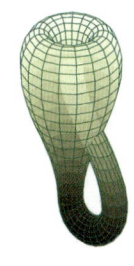 

수학적 위상기하학의 다양한 형태들

다이나믹 릴렉세이션(Dynamic Relaxtion)
기하학, 조형물이 되다

'트레포일 낫(Trefoil Knot)'이라는 위상기하학 도형에서 아이디어를 얻어 '다이나믹 릴렉세이션'이라는 구조물을 만들었다. 얼핏 단순해 보이는 구조체를 응용해 설계한 이 조형물은 2015년 올림픽공원 소마미술관의 '야외 프로젝트 S'라는 설치 미술 공모전 당선작이다. 전체 길이 9.5m에 높이 3.2m의 거대한 스틸 구조물로 기하학적 곡선을 정삼각형 단면을 가진 7개 타입의 모듈로 나눴다. 각 모듈의 길이는 2m 내외였고, 총 21개의 모듈을 제작하였다.

모듈들은 3일 만에 현장에서 조립 설치되었다. 완성된 조형물은 현실에서 마주한 적 없는 낯설고 새로운 모습이지만, 어디선가 본 듯 매우 친숙하다. 올림픽공원

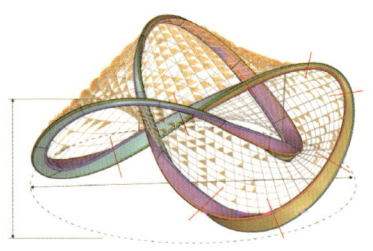

기하학적 공간의 구체화 과정

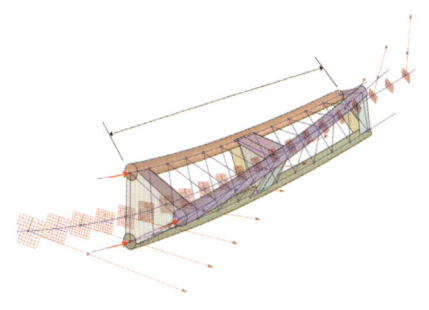

디지털 기술을 활용한 제작 방식

은 주민들의 생활 체육 시설이다. 다이나믹 릴렉세이션은 그물을 걸쳐 면을 구획하여 마치 배드민턴 라켓이 꼬인 듯한 모습으로 공원의 역동성을 상징하는 아이콘이 되었다.

조형물은 각도에 따라 다르게 보인다. 세 가닥 파이프가 교차하며 엮이고, 세 지점에서 안정적으로 지면에 닿는다. 모듈 자체가 3차원적으로 휘어져 제작되었고, 이는 세계 최초로 파이프로 만들어진 위상기하학적 디자인이다. 이런 형태는 규모에 따라 조형물부터 건축물까지 두루 적용할 수 있는 무한한 잠재성이 있다.

파이프를 따라 펼쳐진 그물은 그늘 쉼터이자 해먹이 된다. 이 구조물에는 얼핏 내부처럼 느껴지는 부분도 있지만, 자세히 보면 뫼비우스의 띠처럼 내외부가 혼재되어 구분되지 않고 바닥·벽·천장이 하나로 흐른다. 단

아이들에게 새로운 개념의 놀이터가 된 공간 조형물

순히 관람이 아니라 체험을 위한 조형물로, 사람들로 하여금 직접 들어가 경험하고 싶도록 호기심을 자극한다.

다이나믹 릴렉세이션은 처음부터 누구든지 올라가 앉을 수 있도록 기획되었다. 전문가 검토까지 거쳐 안전성도 보장되었다. 기획 취지에 맞게 설치 기간 내내 사람들이 즐길 수 있도록 개방되어 많은 관심과 사랑을 받았다. 호기심 많은 아이들에게는 놀이터가, 어른들에게는 신기한 관람의 대상이 되어 주었다. 그러나 사람이 너무 많이 몰리자 안전에 대한 우려가 커졌고, 결국 설치 3개월 만에 철거되었다.

인피니트 엘리먼츠(Infinite Elements)
조형물에 미디어 아트 더하기

비록 그 모습은 다시 찾아볼 수 없지만, 구조물의 가치는 남아 있었다. 2016년, 다이나믹 릴렉세이션은 광주비엔날레 폴리 전시에서 '인피니트 엘리먼츠'로 새롭게 재탄생하였다.

기존 구조체를 해체 및 재조립하였고, 3차원 면은 신수경 작가와 협업해 새로운 미디어 아트 작품이 되었다. 구조체의 무한한 이미지가 과거·현재·미래로 이어지고 반복되는 움직임과 생동감 넘치는 생명체를 빛으로 표현하고자 하였다.

끝나지 않는 역동적인 궤도 안에서 반짝이는 LED선은 모든 생명체가 갖고 있는 변화무쌍한 DNA 나선구조를 연상시킨다. 인피니트 엘리먼츠는 광주비엔날레 광장에 전시되어 밤마다 살아 움직이는 조형물로 반짝이며 주변을 환하게 수놓았다.

미디어 작품 인피니트 엘리먼츠로 첫 번째 리모델링

다이크로익 웨이브(Dichroic Wave)
조형물에 자연 빛 담기

인피니트 엘리먼츠는 노후화돼 철거되는 다른 미디어 장치와 달리 꾸준히 그 역동적인 모습을 뽐냈고, 사람들의 관심과 사랑도 이어졌다. 그러다 몇 년이 지난 2020년, 새로운 전기를 맞이했다. 리뉴얼 프로젝트로 광주 서구청 뒷마당으로 옮겨져 자연의 빛을 활용한 설치 미술 작품 '다이크로익 웨이브'로 재탄생한 것이다.

   새 조형물은 인공 조명을 밝혔던 기존의 미디어 아트에서 벗어나 자연의 빛을 담았다. 햇빛을 받아 반짝거리는 강물 표면에서 아이디어를 얻어 은은하게 반짝이는 물결의 흐름을 표현하고자 하였다.

   구조물 사이에 움직이는 바람개비 모듈을 달았다. 바람개비는 빛의 각도에 따른 반사 효과를 극대화하기 위해 조명기나 투사기에 많이 이용되는 다이크로익 필름으로 만들었다. 여러 번의 목업 테스트를 거쳐 미세한 바람에도 흔들리고 돌아가도록 가볍게 제작하였다.

   이 작품은 하나의 오브제가 되었다. 보는 방향·시간·날씨에 따라 마치 자연처럼 끊임없이 변화하고 움직이며 지금까지 그 자리를 지키고 있다.

키네틱아트 작품인 다이크로익 웨이브

인피니트 루프(Infinite Loop)
기하학의 진화, 발전하고 응용하기

흔히 지나가는 말로 건축가에게 남는 건 사진밖에 없다고 한다. 시간이 지날수록 작품은 노후화되고 일상의 때를 묻어 작품으로서의 가치를 잃기 쉽다. 그러나 기술을 수반한 디자인은 자산으로 남아 프로젝트를 거듭할 수록 진화하고 발전하며 건축가를 성장시킨다. 앞서 위상기하학을 응용하여 기술적으로 풀어낸 디자인은 새롭게 진화하여 최근 새로운 결과물의 탄생으로 이어졌다.

한국과학기술원(KIST)은 창립 60주년을 맞아 과거 60년의 성과와 현재, 그리고 미래의 꿈을 표현하는 창조적 공간을 조성하고자 공모전을 개최하였다. 이 프로젝트는 해당 공모전에서 당선된 공간 조형 작품으로, 꼬인 루프를 기하학적으로 해석하여 사이트의 콘텍스트에 맞추어 기술적으로 디자인되었다.

여기서 60은 시간의 모듈이다. 60초, 60분, 60시간, 그리고 60년. 60을 기준으로 시간 단위는 리셋되고, 무한히 반복된다. 따라서 60년의 세월을 무한한 원의 모듈로 보고 무한 루프의 형태로 꼬아 KIST의 상징물이 되도록 그려내고 있다. 기존 사이트에는 백송 나무와 지하 주차장 출입 계단이 있었고, 기존 주차장 골조에 KIST의

60주년의 의미를 담은 무한 루프 조형물

업적을 새긴 'KIST Legacy Wall'을 세우고자 하였다. 이를 기반으로 하여 '인피니트 루프'를 설치하고자 하였다.

인피니트 루프는 하나의 단일 루프다. 이 조형물은 일상 동선인 지하 주차장 출입구 위로는 캐노피가 되어 주고, 기존의 백송 나무 주변으로는 쉼터로 기능할 것이다. 밤에는 구조체 내부를 따라 흐르는 빛을 통해 공간이 미디어 시계가 될 수도 있도록 하였다. 이 작품이 의도대로 무사히 완성되어 KIST의 미래를 밝히는 상징물이 되기를 기대한다.

스틸을 활용한 3차원 공간 조형물

디자인에서 지적 재산으로

건축 디자인은 대지에 맞춰 한 번 쓰고 버려져야 할까? 가치 있는 디자인이라면 자리를 옮기며 지속적으로 재사용될 수 있지 않을까? 하나의 구조체를 장소와 프로그램에 따라 여러 차례 새로운 작품으로 선보이는 건 쉬운 작업이 아니다. 놀이 공간·미디어 아트 등 각각의 목적에 맞춰 새로운 옷을 입히고 재탄생시켜야 한다. 이런 경우는 미술계에서도 드물다. 다이나믹 릴렉세이션에서 시작하여 2번 모습을 바꾼 이 구조물은 디자인 특허를 받아 이제 내가 언제 어디서든 활용할 수 있는 소중한 지적 재산이 되었다. 더 나아가 이 디자인 특허는 인피니티 루프에서는 완전히 다른 콘텍스트에 더 진화하고 발전된 방식으로 응용되었다.

 구조물을 재활용한 예술작품에서 한 걸음 더 나아가 건축으로 확장해 보자. 건축가들은 흔히 자가 복제를 금기시한다. 하는 프로젝트마다 기존과 완전히 다른 새로운 안을 내야 한다는 이상한 의무감을 갖는다. 그러나 건축 디자인에 잠재적인 가치만 있다면 일회적으로만 쓰일 이유가 전혀 없다. 훌륭한 디자인 자산은 장소와 프로그램을 바꿔 응용되며, 그때그때 새로운 가치를 창출한다. 종종 어떤 예술가들은 서울·뉴욕·도쿄 등 전 세계 곳곳에 비슷한 스타일의 작품을 제작해 전시한다. 노래들도 끊임없이 편곡되고 새로운 스타일로 리메이크 된다. 건축도 디자인이고, 디자인은 지적 재산이며, 지적 재산은 언제 어디서나 응용될 수 있다. 물론 건축이 단순히 장소와 프로그램에 맞추어 무엇이든 제작하는 서비스업에 그친다면 잠재 가치는 없다. 이 문제는 모든 건축가가 고민해야 할 과제다.

조경 시설물을 통한 건축적 실험

폴리·정자·파고라·파빌리온…. 우리 주변에는 수많은 조경 시설이 있다. 부르는 명칭은 다르지만 이들에겐 공통점이 있다. 우선 건축처럼 장소와 공간 그리고 재료와 구조가 있다. 하지만 기능·프로그램·설비·단열·수밀(水密)·기밀(氣密) 등 기술적 요구는 건축보다 덜해 설계가 단순하고 만들기 쉽다. 법적으로 가설 건축물에 해당하고, 보통 규모도 작아 현실적인 제약도 적다.

영화감독이 가끔 짧은 CF나 뮤직비디오 촬영이라는 흥미로운 제안을 받는 것처럼 건축가에게 이런 시설물을 설계하는 건 작고 단순하지만, 흥미롭고 자유로운 디자인 작업이다.

정원 속 작은 세상

'폴리(Folly)'는 흔히 정원이나 공원의 야외 구조물을 뜻한다. 근대 영국에서 유행한 낭만주의적인 풍경을 추구하던 사조를 '픽처레스크(Picturesque)'라 한다. 정원에 글래식한 건물이나 오두막 등 오브제를 넣어 풍경화 같은 장면을 완성시키는데 이때 들어가는 구조물이 바로 폴리다. 폴리는 오늘날까지도 곳곳에서 건축과 조경 디자인 요소로 자주 사용된다. 프랑스 라 빌레트 공원에는 수십 개의 빨간 폴리가 이정표 역할을 해 주고, 국내 광주비엔날레에서도 폴리 구조물들이 눈에 띄는 포인트가 되었다.

우리 전통 건축에도 이와 유사한 개념이 있는데 바로 정자다. 정자는 우리나라를 포함한 동아시아에서 예부터 풍류를 즐기고 휴식을 취하기 위해 지었던 야외 구조물이다. 주로 경관을 잘 보기 위해 높은 곳에 지었지만, 궁궐이나 정원에서는 자연과 어우러진 조경 요소가 되기도 하였다. 사각·육각·팔각형 마룻바닥에 기둥과 처마 지붕을 얹어 만든다. 오늘날에도 종종 주변에서 팔각정을 볼 수 있다.

영국의 폴리(좌) / 한국의 정자(우)

'퍼걸러(Pergola, 흔히 파고라라고 함)'라는 개념도 있다. 흔히 햇볕이나 비를 가리는 공공 휴게 시설을 의미한다. '돌출된 처마'를 뜻하는 라틴어 '페르굴라(Pergula)'에서 왔는데 지중해의 강렬한 햇살을 막기 위해 건물 사이 아케이드에 덩굴 같은 식재를 덮은 것에서 유래하였다. 우리의 등나무 정자를 떠올리면 된다. 이는 야외 조경 시설물로써 장식적 의미가 강하다고 볼 수 있다.

작은 건축, 파빌리온
더 건축적인 쪽으로 나아가면 가설 건축물인 '파빌리온(Pavilion)'이 있다. 파빌리온의 등장은 근대 산업혁명과 맥을 같이 한다. 새로운 기술과 산업의 잠재성을 보여주고자 만국박람회가 개최되었고, 박람회장은 당대 최첨단 건축물이었다. 철골과 유리로만 지어진 조셉 팩스톤의 수정궁은 당시 건축 산업이 혁신하는 계기가 되었고, 미스 반 데어 로에의 바르셀로나 엑스포 파빌리온은 지금까지 모더니즘 건축의 상징으로 인식된다.

요즘 건축계에서 파빌리온은 실험적인 건축을 지칭하는 용어로 쓰인다. 뉴욕현대미술관(MoMA) 분관 PS1에서는 전 세계 젊은 건축가를 대상으로 매년 '젊은 건축가 프로그램(Young Architects Program, YAP)'이라는 파빌리온 공모전을 개최한다. 이 공모전을 통해 많은 건축가가 새로운 실험과 독창적인 디자인을 선보인다. 런던의 서펜타인 갤러리(Serpentine Gallery)에서는 매년 전 세계 최고 건축가들이 실험적인 작품을 만들도록 지원한다. 국내에도 파빌리온 전시 및 공모가 활발하게 이루어져 최근에는 학생들도 많이 참여해 도전적인 결과물을 내고 있다.

팡도라네(Pangdoranée)
현무암을 닮은 힐링의 장소

파고라가 돌을 닮으면 어떤 모습일까? 거기에 지역 주민들의 삶과 기억까지 담는다면? '팡도라네'는 짐을 나르다가 편히 멈춰 쉴 수 있도록 만들어진 널따란 돌을 지칭하는 제주 방언 '팡돌'과 '안에'를 붙여 만든 이름으로 2015년 '자연과 미디어 에뉴알레' 행사에서 선보인 쉼터 구조물이다.

제주도 김녕리 해안가 올레길에 위치한 이 조형물은 주민과 관광객이 함께 잠시 쉬다 가라는 힐링의 의미를 담고 있다. 현지인과 외지인이 만나 자연스럽게 섞이는 공공장소를 제공하고자 했다.

팡도라네의 형태는 제주도를 대표하는 현무암 덩어리처럼 디자인되었고, 표피에 그 다공성을 표현하고자 구멍의 밀도와 크기를 조절하였다. 공간 내부는 해안가의 뜨거운 햇빛과 거센 바람을 피할 수 있는 그늘진 쉼터가 되었다. 내부에 설치된 각 원형 아크릴판에는 김녕초등학교 학생들의 그림을 새겨 넣어 지역 공동체의 기억을 담았다.

제주 김녕마을 쉼터에 설치된 팡도라네

언폴딩 파고라(Unfolding Pergola)
풀잎 모양 쉼터 만들기

자연에는 수직 기둥과 수평 보라는 요소가 없다. 다양한 가지와 잎사귀들이 서로 엮여 의지할 뿐이다. 그렇다면 풀잎 모양으로 파고라를 만들면 어떨까?

'언폴딩 파고라'는 자연을 닮은 개방형 쉼터다. 서울 금천구청 앞 금나래공원 중앙에 있는 이 구조물은 지상과의 접점은 최소화하고, 식물처럼 하늘로 뻗어 나가는 프레임과 그 하부 공간으로 구성되었다. 프레임 사이사이를 비우고 채우는 패널들은 자연스레 그늘을 만든다.

전체 형태는 활짝 펼쳐진 위상기하학 도형 같다. 전체 틀은 아치와 직선이 뒤섞인 스틸 파이프다. 패널은 자동 절곡과 전개 가능한 방식으로 단순화되어 제작에 최적화되었다. 이동을 고려해 모든 구조재는 공장에서 제작하였고, 현장 시공은 용접 없이 조립하기만 하였다. 기둥이나 보 없이 한쪽 방향으로 뻗은 파이프와 패널 판재만으로 전체 형태를 구성하였다. 구조-외피-형태가 하나로 작동하는 건축적 실험이라는 데 의의가 있다.

서울 금천금나래 공원 쉼터에 설치된 언폴딩 파고라

포스코 티하우스(POSCO T-House)
브랜드 정체성 극대화하기

브랜드 아파트의 조경 시설은 어떻게 디자인되면 좋을까? 우선 디자인의 대중성과 시공의 경제성이 가장 중요하다. 다음으로 여러 단지에 적용할 수 있도록 범용성도 고려해야 한다. 이외에도 고려해야 할 요소가 많다.

국내 아파트 시장에서 차별화된 디자인으로 브랜드를 고급화하는 전략이 대세다. 최근 아파트 건설사들은 개별 주거 공간의 질을 상향 평준화하고, 단지 내 파고라·티하우스 등 조경 시설을 적극적으로 설치하는 추세다. 브랜드 경쟁력을 키우기 위해 외부 쉼터 공간을 특화하는 전략이다.

필자는 아파트의 브랜드 정체성을 살려 단지 내 단순하고 직관적인 파고라를 만드는 프로젝트를 진행한 바 있다. 광주 염주 더샵 센트럴파크에 조성된 '포스코 티하우스'는 실내 공간이지만, 최대한 시각적으로 열린 절제미를 보여 줘야 했다. 이를 위해 자연과 어우러지며 조형성을 살린 필립 존슨의 글래스 하우스(Glass House)와 미스 반 데어 로에의 바르셀로나 파빌리온에서 영감을 얻었다. 지붕 외 수평 부재를 모두 없애 활짝 개방하고 커튼을 건축화했다. 구불구불하게 절곡 가공된 반투

브랜드 아파트의 표준화된 티하우스 제작을 목표로 개발된 프로토타입 디자인

명한 스크린 패널은 커튼처럼 내외부 공간을 분리하는 동시에 연결한다.

    일반적으로 조경 시설은 목재와 알루미늄으로 만들지만, 포스코 티하우스는 내식성 좋은 스틸로 지었다. 부식과 오염 방지를 위해 모든 요소를 용접 없이 세밀하게 조립하고 도료를 칠해 완성하였다. 프리패브와 모듈화·자동화된 공정을 통해 내가 꾸준히 관심을 가져온 지속 가능한 양산화를 목표 삼아 새로운 건축의 방향을 실험하고자 하였다.

새로운 쉼터를 디자인하라

우리 주변에는 쉼터 구조물이 정말 많다. 그중 가장 많은 것은 단연 정자다. 어느 동네를 가든 팔각정과 육각정을 볼 수 있다. 다음으로 많이 보이는 게 등나무 벤치

단지 내 조경 시설과 어우러져 설치된 포스코 더샵 티하우스

다. 놀이터·마을 어귀·등산로와 작은 소공원 어딜 가도 똑같다. 한국적이지도, 뛰어나게 아름답지도, 실용적이지도 않다. 시대에 뒤처지는 현장 시공 작업으로 설치하니 품이 덜 드는 것도 아니다. 조달청에 관급 물품으로 등록된 쉼터 구조물이기에 사용될 뿐이다. 우리 눈에 익숙하고 무난해서 계속 쓰이는지도 모르겠다.

이제 놀이터와 공원에 팔각정·육각정·등나무 벤치는 제발 그만 만들자. 조금만 신경 쓰고 주변으로 눈을 돌리면 얼마든지 다채로운 쉼터를 디자인할 수 있다. 그런 구조물은 더 나은 미관을 넘어 새로운 건축 실험과 발전으로도 이어진다.

버려진 고가 하부의 색다른 변신

서울시는 지난 반세기 동안 급격히 고밀화되고 팽창하였다. 인구가 늘자 수요에 맞춰 고가·철도·지하 공간 등 기반 시설을 건설해 왔다. 그중 고가도로는 과거 부족했던 도로와 교통 체계가 정비되자 노후화 정도와 주변 경관을 고려해 2000년대부터 지금까지 순차적으로 철거되거나 정비 중이다. 서울시에서 조사한 215개 고가 하부 공간 중 약 10%는 주차장·공원·사무실·체육 시설 등으로 활용되고 있지만, 그 외는 방치되어 잠재적 가용지로 남아 있다.

    고가 하부는 음침하고 지저분하다. 무단 점유나 방치되고, 일시적이고 분절적인 활용으로 주변 도시 경관을 해치고, 위생이나 방범에도 악영향을 끼친다. 거대 인프라스트럭처로 주변 지역을 단절시킨다. 서울시는 지난 수년간 이런 고가 하부 공간을 개선하는 사업을 진행해 왔다. 나는 이문동과 응봉동 고가 하부 공간을 디자인하고, '서울시 고가 하부 공간 디자인 가이드라인'을 만든 바 있다.

버려진 이문 고가 하부

서울 동대문구 이문2동 이문 고가차도 하부는 도시 인프라가 만든 단절을 보여주는 대표 사례였다. 이문2동은 고가차도를 경계로 서쪽의 오래된 주택가와 동쪽의 아파트 단지로 나뉘었다. 특히 지상으로 열차가 다니는 신이문역이 두 지역의 모든 소통과 연결을 막고 있었다.

가로의 연결은 끊겼고, 거대한 장벽을 경계로 양쪽 동네는 서로 극단적인 대비를 보였다. 고가 아래 유휴 공간은 콘크리트 공터로 남아 있었다. 이 버려진 공간에 도시의 맥락을 연결하고, 주민들의 쉼터이자 공공 편의시설과 문화 공간을 만드는 프로젝트를 맡았다.

먼저 주변을 관찰하는 것부터 시작하였다. 삭막한 공터는 주로 주차장으로 쓰였으나 간혹 이곳에 주민들이 좌판을 깔고 모이거나 플리 마켓이 열리기도 하였다.

대상지 바로 옆 신이문역 플랫폼에 앉아 고민하던 중 무언가가 눈에 띄었다. 고가도로와 그 아래 펼쳐진 주변 가옥들이었다. 지역민이 매일 이용하는 지하철 플랫폼과 가옥들의 지붕이 같은 높이에 있었고, 대상지에 이런 지붕 위 공간이 있다면 전철역과 바로 연결될 수 있을 것 같았다. 이에 착안해 단절된 동네를 서로 잇고 거대한 공간을 인간적인 규모로 줄여 다양하게 활용할 수 있도록 '지붕 마당'을 구상하였다.

지붕 마당(Roof Square)
단절된 공간을 다시 잇다

'지붕 마당'은 지하철 신이문역 5번 출구 근처에 위치한다. 우선 신이문역 승강장 높이를 기준으로 경사 지붕을 만들었다. 지붕면은 서로 다른 방향으로 번갈아 치솟아 오르고, 그 하부 공간이 비어서 열려 있는 구조다. 지붕 위에 서면 단절되었던 두 동네를 한눈에 볼 수 있다.

지붕 상부에는 문화 마당·휴게 마당·체육 시설을 만들어 동네 주민들이 야외 공연을 관람하고, 원경을 바라보며 휴식하고, 가벼운 운동과 스트레칭을 할 수 있게 하였다. 지붕 하부에는 주민들의 쉼터이자 주변 상인들도 함께 활용할 수 있는 어울림 마당을 만들었다. 이곳은 종전처럼 낮에는 주민들의 일상적인 쉼터나 플리 마켓으로 이용되고, 밤에는 주변 음식점에서 테이블을 펴 손님들이 야외에서 식사하는 다목적 테라스의 역할을 하였다.

지붕 마당 하부 천장 면은 실외지만, 밝고 아늑한 실내의 느낌을 주고자 타공 스테인리스 패널로 마감하였다. 어둡고 음침하다는 고가 하부 공간의 선입견에서 벗어나도록 조명에 공들였다. 구조물을 따라 흐르는 간접 조명 덕분에 이곳은 신이문역의 랜드마크가 되었다.

주변으로 온전히 열린 새로운 주민 플랫폼 지붕 마당

응봉 테라스(Eungbong Terrace)
지역의 새로운 랜드마크 쉼터

서울 성동구 응봉동에는 중랑천을 건너는 응봉교가 있다. 주변은 아파트가 밀집된 주거 지역의 중심부라고 할 수 있다. 그러나 양쪽으로 갈라진 일차선 도로가 있고, 고가 하부의 막다른 공간은 경사가 심해 매우 어둡고 소외된 공간으로 남아 있었다. 주변에 중랑천이 흐르고 경사지가 있다는 장소의 특성에 착안해 빛이 흐르는 '응봉 테라스'를 제안하였다. 거대 규모의 고가 하부를 작은 포켓 공간으로 나눠 주민들의 휴식과 운동을 위한 복합 쉼터를 만든 것이다. 특히 포스트 코로나 시대에 맞춰 사람들이 대규모보다는 소규모로 함께 머물지만, 거리를 두어야 하는 시대상까지 반영하였다.

공간은 서로 나뉘었지만 빛이 흘러가는 듯한 지붕으로 엮여 있다. 낮에는 물결처럼 반사되는 천장으로, 밤에는 반짝이며 흐르는 간접 조명으로 전체 공간이 하나로 이어지고 주변을 환히 밝힌다. 휴먼 스케일의 테라스로 재탄생한 고가 하부는 편안히 오르내리며 머물 수 있는 광장이자 멀리서도 잘 보이는 랜드마크, 누구나 쉽게 접근할 수 있는 공용 공간으로 거듭났다.

빛의 물결이 공간을 따라 흐르는 응봉 테라스

지속가능한 도시 공공공간 개선하기

고가하부 외에도 도시에는 빗물처리장·교통섬·육교·노후 역사 등 도시 인프라 시설의 사각지대 혹은 활용도가 떨어진 소외된 다양한 유휴 공간이 존재한다. 서울시도 오래전부터 이런 공간에 관심을 갖고, 이를 찾아 개선하고자 하였다. 이러한 도시 공공공간 개선 사업은 반드시 필요하다. 그러나 사업이 성공하려면 건축뿐만 아니라 적절한 기획과 안정적인 운영 및 유지 관리 계획이 필요하다.

종종 지자체에서는 유휴 공간을 어떻게 활용할지 공모를 통해 건축가들에게 기획 아이디어까지 요구하는 경우가 있다. 건축설계를 공모로 발주하면서 공간뿐만 아니라 사업비 내에서 가능한 프로그램까지 제안하라는 것이다. 그러나 기획은 별도의 과정이고, 여러 분야의 전문가들과, 때로는 주민들과 함께 만들어 가야 하는 소통의 과정이 수반해야 한다. 이는 건축의 범주를 벗어난다. 멋진 공간을 만드는 건축가라도 훌륭한 기획자이기는 힘들다. 아무리 잘 만든 공간이라도 주민들에게 잘 쓰인다는 보장은 없다. 안이하고 비전문적 기획은 또 다른 유휴 공공공간을 낳을 수 있다.

짚고 넘어가야 할 중요한 문제가 하나 더 있다. 많은 공공사업이 운영과 유지 관리 계획이 미흡하다는 점이다. 추후 운영 및 관리 주체·비용에 대한 세밀한 검토 없이 일단 사업비를 받아 건축을 진행되는 경우가 많다. 사정이 그러하니 준공 시점에 누가 어떻게 운영하고, 유지관리할지를 성급히 정하는 편이다. 제대로 관리되기 어려울 수밖에 없다. 공공건축 사업은 만들어내고, 보여 주는 게 전부가 아니다. 도심의 공공공간은 계획과 운영에 있어서 필연적으로 지속가능성이 담보되어야 한다.

나가며

서울성(Seoul-ness) :
다층도시(Multi-Layered City)

뒤이은 내용은 서울시에서 주최하는 2025 서울건축문화제
총감독을 맡아 전시장 및 주제전 기획/디자인을 수행하면서
서울의 건축 문화에 대한 나의 고민과 실천을 담아낸 글이다.

건축에서는 흔히 지역성을 습관적으로 논한다. 국가적 차원에서 지역성은 한국성이 되고, 국지적 차원에서 지역성은 장소성이 된다. 이러한 지역성이 중요하다는 것에 누구나 공감하지만, 지역성에 대한 입장은 건축가·평론가들마다 모두 다르다. 전 세계가 실시간으로 연결되는 현시점 건축에 지역성이 의미 없다는 사람도, 지금 우리 건축의 모습이 지역성이라는 사람도, 여전히 건축에 지역성이 중요하다는 사람도 있다. 개인적으로 그러한 지루한 논의에 별 관심은 없다.

나는 태어나서 지금까지 서울에 살아왔다. 그러나 불행히도 추억 속의 고향이 없다. 어린 시절을 보낸 은평구 어느 주택가 골목길의 추억도 재개발로 인해 사라진

주제 표현을 위해 만든 콜라주

지 오래다. 또 다른 어린 시절을 보낸 서울 서초구 어느 아파트 단지 또한 재건축으로 과거의 흔적조차 사라져 버렸다. 내가 다녔던 대학교도 너무 바뀌어 과거의 추억 속 공간을 찾기 쉽지 않다. 성인이 된 후에는 여러 경제적 이유로 이리저리 옮겨 다녔다. 이러한 경험은 나만 해당하는 것이 아닐 것이다. 서울에 거주하는 많은 이에게 전통적 의미의 정주성은 더는 큰 의미가 없다. 그들의 고향은 서울의 어느 동네가 아닌 그냥 서울 그 자체다.

나는 2025년 서울건축문화제 총감독을 맡으면서

2025 서울건축문화제 공식 포스터

서울건축문화제 주제전이자 서울시 건축상의 주제로 '서울성(Seoul-ness): 다층도시(Multi-Layered City)'을 정했다. 그 이유는 건축가의 입장에서 서울의 지역성을 생각해 보려는 게 아니라 일반 시민의 한 사람으로 서울이란 도시와 건축을 바라보고 싶었기 때문이다. 서울은 이미 세계적인 일류 도시다. 이제는 전 세계 많은 사람이 서울의 매력을 이야기하고 찾는다. 그런데 정작 서울이라는 동네에 사는 나는, 그리고 시민들은 이 도시를 얼마나 알고 있을까? 서울이라는 도시의 건축은 뉴욕·파리·런던과 어떠 차이가 있을까? 서울의 매력은 어디서 나올까? 거울에 비친 스스로의 모습을 바라보고자 하였다.

거울에 비친 서울의 모습

서울은 대한민국의 모든 사회적·경제적 에너지가 몰리는 도시다. 아무리 나라 전체의 인구가 감소하고 경기가 불황이더라도, 서울을 중심으로 한 수도권은 계속해서 인구가 증가하고 부동산 경기는 꺾이지 않는다. 서울이라는 한 도시로 집중되는 현상이 국가적 차원에서 절대 좋은 것은 아니다. 그러나 서울은 여전히 자본과 사람이 집약되고, 에너지와 활기가 넘치는 성장하는 도시다. 그러한 관점에서 '서울성'을 '다층도시'로 정의해 보고자 한다.

첫째, 서울은 '시간적 다층도시'다. 세계 어느 도시보다 잘 부수고 빠르게 잘 짓는다. 어느 날 있던 동네가 사라지고 새로운 동네가 되어 있다. 때로는 허무하고 안타깝지만, 빨리 잊혀지고 새로운 것들로 대체되어 살아간다. 그렇게 시간이 지나다 보니 그 변화 자체도 특성이 된다. 오래된 한옥과 옛 골목길부터 다채로운 사조가 녹아든 현대 건축물, 그리고 혁신적인 미래 건축물까지 한 공간 속에서 서로 다른 시대가 어우러져 부조화 속에서 조화로운 풍경을 만들어낸다. 천년 역사의 도시면서 새로운 실험과 시도도 허용되는 도시다.

둘째, 서울은 '공간적 다층도시'다. 세계 어느 도시보다 산과 구릉지로 이루어진 지형이 다채롭다. 그래서인지 우리는 높은 곳에 사는 것에 별다른 거부감이 없다. 1970~1980년대 5~12층 이던 시내 아파트는 불과 20여 년 전부터 30층이 되더니 이제는 60층 이상도 지어진다. 시민의 60% 이상이 이러한 고층 아파트에 살아간다. 일상생활도 다르지 않다. 우리는 곳곳에 위치한 입체적 보행로와 지하철로 대변되는 지하 공간에 익숙하다. 도시의 입체적 공간성은 세계 어느 도시보다 우수하다.

마지막으로, 서울은 '기능적 다층도시'이다. 서울은 과밀 문제를 가변적 복합 공간으로 해결한다. 기본적으로 시가지는 주거와 상업, 자연과 문화 등 다양한 레이어들이 중첩되며 혼재된다. 이러한 복합적 기능을 담는 공간들은 세분화되고, 끊임없이 변화한다. 렘 콜하스가 해석한 뉴욕 맨해튼의 고층 건물은 층의 구분을 통한 용도 구분이었다면 서울의 복합 공간은 방 단위로 더 잘게 쪼개지고, 더 짧은 기간 내 더 빠르게 변화한다. 최근 서울 도심지에는 특정 용도조차 없이 팝업 공간으로 활용하는 불특정 공간도 점차 확산하고 있다.

    이 외에도 우리가 의식하지 못한 서울의 특성은 많다. 이에 대한 가치 판단이나 개선 여부를 논하고 싶지는 않다. 단지 그것이 서울의 현실에 드러나는 모습을 통해 이 도시의 정체성을 객관적으로 들여다보고자 한다. 그렇다면 서울이라는 도시가 우리에게 어떻게 기억되고 경험되는가?

기억의 조각이 만드는 퍼즐

건축가의 입장에서 흔히 건축은 건물 전경을 보여주는 조감도 혹은 잘 조율된 경관 속의 투시도다. 시민 입장에서 서울의 건축은 개인의 파편적 경험의 집합체다. 서울에 살면서 매일 스쳐 가는 길가도 있고, 평생 단 한 번을 가보지 않은 동네도 많다. 일상에서 매일 마주하는 건축물도 있으나, 평생 한 번도 못 보고 사진으로만 만난 건축물도 많다. 누군가는 건물 뒷면의 일부만을 보

서울성을 보여주는 서울 도시건축의 다양한 기억 파편들

고, 누군가는 측면 일부만을 보기도 한다. 시민들에게 서울의 도시건축은 경험의 집합체이자 기억의 퍼즐과 같다. 그것이 서울이라는 도시를 고향으로 둔 시민들에게는 낯익고 친근한 고향의 이미지다.

한옥을 전시의 배경으로
이번 2025 서울건축문화제는 북촌 한옥 문화센터에서 개최된다. 전통 한옥을 배경으로 서울시 건축상 수상 작품들의 전시와 총감독 주제전 등이 열린다. 총감독으로서 본 전시를 기획하면서 가장 신경 쓰인 부문은 한옥이라는 공간이다. 서울에서의 북촌, 서울의 건축에서의

기억의 파편으로 한옥을 래핑하여 내외부를 엮어주고자 한 서울건축문화제 전시 공간 기획

서울건축문화제 전시 공간 기획과 그 압축판인 총감독 주제전

한옥은 어떠한 위치를 지니는가? 한옥이라는 공간의 특성을 전시 공간으로 어떻게 탈바꿈할 수 있을까?

북촌 한옥 문화센터는 여러 채의 한옥이 옹기종기 모여 내외부 공간을 형성한다. 가장 큰 공간적 특징은 한옥의 특성이 그렇듯, 건물 내부뿐만 아니라 외부도 정의하고 있다는 점이다. 전시가 들어설 내부는 외부와 소통하고 연계되어야 한다. 단순히 공간이 열리는 것을 넘어 전시 자체가 내외부로 확장되고자 한다.

또한, 한옥은 서울의 파편화된 이미지 중 하나다. 일부를 가리거나 덮는다고 한옥이 주는 이미지가 손상되지 않는다. 오히려 여러 건축 사이로 부분적으로 보이는 한옥의 모습이 서울의 건축이라고 할 수 있다. 프로그램적으로는 전통적 한옥을 하나의 가벼운 팝업 공간으로 보고자 하였다. 그러한 고민의 결과, 한옥을 래핑(Wrapping)하여 공간 내외부를 연계하였고, 이곳을 서울의 건축 문화를 보여주는 배경으로 택한 것이다.

서울성 찾기, 서울성 느끼기

건축문화제 총감독 주제전 조형물은 이 전시의 압축판이다. 조형물 재료는 '서울의 건축'이라는 모듈이다. 우리 머릿속에 담긴 서울이라는 형태를 '서울의 건축'이라는 모듈로 재조합하고, 시민들 스스로 자기 기억과의 공

서울건축문화제 총감독 주제전 모형

유점을 찾도록 의도하였다. 막연하지만 모두가 느끼는 서울이라는 고향이 주는 느낌, 건축의 파편들 속에서 서울만의 감성을 찾아가는 경험을 주는 게 목적이다. 서울의 도시건축을 설명적·논리적으로 보여주기보다 다양한 이미지의 조각들을 통해 시민들 각자가 '서울 건축 문화'라는 퍼즐을 완성하도록 말이다.

서울성에 대한 생각은 누구나 다를 수 있다. 본 전시는 현상적·경험적 서울성에 대한 것이었다. 건축가뿐만 아니라 시민의 눈에 비친 각자의 경험과 기억에 남아 있는 서울의 도시건축 그 자체다. 여기서 서울에 대한 역사성 혹은 다른 도시와의 비교 분석 등은 크게 의미가 없다. 서울이 지닌 과거의 추억, 현재의 일상, 그리고 미래의 꿈이 모두 조합된 이미지가 서울성이다. 이를 통해 우리가 앞으로 만들어 갈 서울 건축 문화의 미래도 상상해 볼 수 있기를 기대한다.

이미지 출처

1부. 고민

저작권자 표시가 불분명한 경우, 자료를 찾은 홈페이지를 적어 두었다.
Wiki commons 등 누구에게나 열린 소스는 저작권자 명기를 하지 않았다.

14	(상) 김나신		(하) usgbc.org
	(하) shftoptplus	58	(좌) ko.wikipedia.org
15	(상) zaha-hadid.com		(우) herzogdemeuron.com
	(하) 이화여자대학교	66	(좌) The Estate of Francis Bacon
18	(주)요즈음건축 제공		(우) oma.com
19	(좌) heatherwick.com	68	(주)요즈음건축 제공
	(우) unstudio.com	69	(좌) dataphys.org
32	(좌) blog.naver.com/jmd0104		(우) ko.wikipedia.org
	(우) herzogdemeuron.com	70	(상) (주)요즈음건축 제공
35	(상) (주)요즈음건축 제공		(하) archdaily.com
	(중) (주)요즈음건축 제공	72	(상) alamy.com
	(하) (주)요즈음건축 제공		(하) zaha-hadid.com
43	(주)요즈음건축 제공	77	ko.wikipedia.org
53	(좌) archdaily.com	78	(상-좌) ko.wikipedia.org
	(우) archdaily.com		(상-우) meinbezirk.at
54	(상) min24.energy.or.kr		(중) pinterest.com

	(하) louisvuitton.com	90	(상) medart.pitt.edu
80	(상) kulturolgia.ru		(하) the b1m.com
	(중) varini.org	96	archdaily.com
	(하) varini.org	97	shigerubanarchitects.com
81	(좌) Steffen Lemmerzahl	98	commons.wikimedia.org
	(중) washington.org	99	en.wikipedia.org
	(우) alamy.com	101	archdaily.com
82	(상) pinterest.com	103	archdaily.com
	(하) Daici Ano	106	Federico Di Iorio
83	(좌) archdaily.com	108	(좌) Rose Etherington
	(중) eisenmanarchitects.com		(우) dezeen.com
	(우) istockphoto.com	109	dezeen.com
84	(좌) pinterest.com	110	dezeen.com
	(우) Netflix	112	zdnet.com
88	floornature.com	114	ko.wikipedia.org
89	doublestonesteel.com	115	zaha-hadid.com

116		thehighline.org		(하) archdaily.com
117		mvrdv.nl	138	(상) aasarchitecture.com
119	(좌)	archdaily.com		(하) divisare.com
	(우)	archdaily.com		
120	(좌)	임정현		
	(우)	이태우		
124		en.wikipedia.org		
125		archdaily.com		
127		wired.com		
128		flickr.com		
129		topdocumentaryfilms.com		
131	(상)	Harvey Wiley Corbett		
	(하)	lucasfilm.com		
133		architecturaldigest.com		
134		architectsjournal.co.uk		
135	(상)	en.wikipedia.org		

2부. 실천

사진 대부분은 신경섭 작가의 사진이다.
렌더링, 평면도 등 모든 이미지는 (주)요즈음건축에서 제공하였다.

139　(상)　bustler.net

　　　(하)　designboom.com

248　(상)　archiproducts.com

　　　(하)　archdaily.com

299　(좌)　wikipedia.org

　　　(우)　이신신

감사의 글

나는 어디서든 건축은 혼자 할 수 있는 일이 아님을 항상 강조한다. 같이 참여한 모든 사람이 함께 노력한 협업의 결과물이다. 내가 해 온 모든 프로젝트가 그러했고 『요즈음 건축 2.0』도 그러하다. 건축가로서, 건축학과 교수로서, 이 책의 저자로서, 운 좋게도 나에게는 함께 해 온 감사한 분이 정말 많다.

먼저 첫 책을 내고 『요즈음 건축 2.0』을 함께한 효형출판을 언급하지 않을 수 없다. 문화·예술·건축 분야의 출판을 치열하게 고민해 가면서 『요즈음 건축』을 더 발전된 책으로 다듬어 주어서 감사한 마음을 전한다.

아울러 처음 나를 건축의 길로 이끌어 주시며 기본을 가르쳐 주신 고(故) 장림종 교수님, 학창 시절 큰 가르침을 주신 이성관 선생님, 나에게 훌륭한 건축가의 표본을 보여준 매리언 와이스(Marion Weiss)와 마이클 맨프레디(Michael Manfredi), 그리고 한국에서 건축 일을 시작하게 도와주신 김광수 교수님, 풋내기 건축가의 작업에 관심을 갖고 응원해 주신 유걸 선생님, 옆에서 항상 많은 조언과 응원을 해 주시는 김현석 소장님과 건축계

많은 선후배님, 나와 동고동락하는 우리 스튜디오 스태프들에게 감사의 마음을 전한다.

항상 인간적인 신뢰를 바탕으로 함께 좋은 결과를 만들어 가는 이택준 수석님, 서형주 그룹장님, 송권용 이사님, 유봉열 대표님, 그리고 감각적인 사진으로 내 작업을 작품으로 기록해 주시는 신경섭 작가님, 그림을 현실로 만들어 주시는 박병순 소장님께도 감사의 말을 올리고 싶다.

나를 항상 든든하게 받쳐 주고 학문적인 소통과 교류로 많은 가르침을 주시는 이화여대 동료 교수님들, 그리고 부족한 나에게 배우고 졸업해 지금은 어딘가에서 더 뛰어난 건축가로 일하고 있을 제자들과, 지치지 않는 에너지를 주는 우리 학생들에게 감사를 표한다.

정말 마지막으로, 평생 나에게 든든한 기단과 기둥이 되어 주시는 아버님과 어머님, 그리고 나의 아내와 두 딸 윤서, 서윤에게 무한한 사랑과 고마움의 글을 남긴다.

국형걸 올림

Multiverse Architecture:
Notes on a Changing Discipline

요즈음 건축 2.0
건축가에게 꼭 필요한 고민과 실천의 기록들

1판 1쇄 인쇄 | 2025년 9월 5일
1판 1쇄 발행 | 2025년 9월 20일

지은이   국형걸
사진   신경섭

펴낸이   송영만
책임편집 송형근
디자인   오정원

펴낸곳   효형출판
출판등록 1994년 9월 16일 제406-2003-031호
주소   10881 경기도 파주시 회동길 125-11
전자우편 editor@hyohyung.co.kr
홈페이지 www.hyohyung.co.kr
전화   031 955 7600

ⓒ 국형걸, 2025

ISBN 978-89-5872-245-8 (03540)
이 책에 실린 글과 사진은 효형출판의 허락 없이 옮겨 쓸 수 없습니다.

값 22,000원